Schritt für Schritt
Ihr Haus bauen

-

Der Hausbau Ratgeber
für Familien

Mit smarten Planungsideen

für Ihren perfekten Grundriss

Rafael Straubheimer

Schritt für Schritt
Ihr Haus bauen

-

Der Hausbau Ratgeber
für Familien

Mit smarten Planungsideen

für Ihren perfekten Grundriss

Rafael Straubheimer

Inhaltsverzeichnis

Einleitung

Einleitung

"Die wertvollste Bühne ist das eigene Zuhause, der Aufenthalt begütert mit Sanftmut und Milde, das Terrain wahrlich und die Menschen rein wie der Himmel über der Erde." (Sprichwort)

Liebe Bauinteressierte, Familien und angehende Eigenheimbesitzer,

die meisten Menschen bauen einmal im Leben. Daher soll das Ergebnis ihres Bauprojekts so perfekt sein, dass sie ihr Leben nach ihren Vorstellungen, Wünschen und Bedürfnissen ausgerichtet ist und sie vor allem auch gerne dort leben. Nun wollen Sie sicherlich weder ein architektonisches Baudenkmal errichten, noch in einem wohnen. Trotzdem geht es beim Hausbau um weit mehr als den organisatorischen Akt eines perfekt inszenierten Projektablaufs. Viel mehr schaffen Sie mit dem Bau Ihres Wohnhauses ein neues Lebensumfeld, wo vorher meist ein nacktes Stück Erde sich selbst überlassen war.

Zwar gibt es heute für jede Aufgabe Spezialisten und Fachleute, die Sie gerne beraten und planerisch unterstützen. Wohin Ihre Reise geht und wie Ihr zukünftiger Lebensmittelpunkt aussehen soll, das können dagegen nur Sie als Familie definieren.

Jeder Mensch setzt Schwerpunkte anders und bewertet Sachverhalte anhand ganz eigener Maßstäbe. In meinem Ratgeber finden Sie sicherlich nicht auf jede einzelne Detailfrage eine umfassende Antwort.

Sie finden aber mit den wesentlichen Zusammenhängen des Bauens etwas weit Wichtigeres. Denn erst, wenn Sie alle Belange verstehen, berücksichtigen und würdigen können, sind Sie in der Lage, fundierte Entscheidungen zu treffen und Ihr zukünftiges Heim mit einem guten Gefühl der Sicherheit zu gestalten.

Andere Ratgeber mögen mit einer Flut technischer Details bis ins Kleinste erläutern, wie Ihr Haus später gebaut wird und wo wer wann welche Aufgabe erfüllt.

Mir dagegen ist es vor allem wichtig, Ihnen neben den Notwendigkeiten und Zusammenhängen von Zeit, Technik, Kosten und Entwurf einen ganz eigenen Standpunkt zu ermöglichen. Nicht immer ist das, was man seit Jahrzehnten baut, auch die optimale Lösung. Denken Sie um die Ecke, nehmen Sie neue Standpunkte ein und lösen Sie sich von eingefahrenen Gedankengängen. Möglicherweise erreichen Sie am Ende dasselbe, weil richtige Ergebnis. Vielleicht tun sich aber auch ganz neue Perspektiven und Lösungsansätze auf, die Ihren Wünschen weit besser entsprechen. Nutzen Sie die Gelegenheit, denn Sie können nur gewinnen, sei es an Komfort, Nutzbarkeit oder auch Kosten.

Andererseits "bezahlen" Sie höchstens mit dem einen oder anderen nicht weiter verfolgten Gedankengang, der Sie aber dennoch um eine weitere unbezahlbare Erfahrung bereichert.

Natürlich entsteht zuletzt immer ein Haus. Ich bin mir sicher, dass es aber im Kleinen oder auch im Großen weit mehr als eben irgendein beliebiges Haus ist - denn es ist Ihr Eigenheim, das Sie selbst erschaffen haben und in dem Sie Ihren neuen optimalen Lebensmittelpunkt finden werden.

In diesem Sinne ermutige ich Sie, aktiv am Bauprozess teilzunehmen, kritisch zu hinterfragen und immer wieder die Aussagen Ihrer Planer zu hinterfragen und auf Herz und Nieren zu prüfen. Ich bin mir sicher, dass Sie dieser Ratgeber dabei unterstützt und Ihnen zu der Sicherheit verhilft, die den Bauprozess nicht zur unüberwindbarcn Herausforderung, sondern zur herausfordernden, aber zugleich erfüllenden und bereichernden Aufgabe macht.

Warum dieser Ratgeber?

Vielleicht fragen Sie sich, warum ich diesen Ratgeber überhaupt für Sie erstelle. In der Tat ist diese Frage berechtigt, gibt es heute doch eine Vielzahl an Möglichkeiten, sich notwendige Informationen zu beschaffen.

Ich selbst bin Architekt und unterstütze in dieser Funktion seit rund 20 Jahren Familien bei der Verwirklichung ihrer Träume. Dabei stelle ich fest, dass junge Familien immer wieder die gleichen Fragen beschäftigen, die wir dann gemeinsam klären. Darüber hinaus merke ich aber auch, dass sie häufig bereits sehr gut vorbereitet zu mir kommen, um ihr Bauvorhaben anzugehen. Auf die Frage nach der Quelle all ihrer Informationen wird immer wieder und mit steigender Häufigkeit auf das Internet verwiesen.

Nun bietet das Internet als Informationsquelle eine enorme Fülle an Wissen, das sich mit geringem Aufwand abschöpfen lässt. Allerdings fehlt dem Internet häufig der Zusammenhang zwischen einzelnen Sachverhalten. Denn wo einzelne Informationen rasch und leicht zu erhalten sind, können Sie diese erst mit dem Wissen über die Zusammenhänge aller Sachverhalte richtig einordnen und letztendlich gewinnbringend einsetzen.

Genau an dieser Stelle sehe ich meinen Ratgeber als Vermittler wichtiger Grundlagenkenntnisse, aber auch als Mittler zwischen den einzelnen Wissensgebieten. Möglicherweise werden Sie beim Lesen nicht alle Fragen beantwortet finden und vielleicht werden sogar noch viel mehr neue Fragen aufgeworfen. Genau diese Fragen sind es aber letztlich, die Sie in Ihrem Vorhaben weiterbringen und die Sie Ihrem Planer, Ihren Handwerkern und auch sich selbst gegenüber die richtige Position einnehmen lassen. Fragen weiten Ihren Horizont bei der Erschaffung Ihres zukünftigen Lebensmittelpunktes. Antworten versetzen Sie in die Lage, Ihr Vorhaben genau so zu realisieren, wie Sie es sich vorstellen.

Darüber hinaus ist es mir ein Herzenswunsch, Sie nicht nur mit alltäglichen Zusammenhängen und Sachverhalten zu versorgen. Im Rahmen meiner Tätigkeit mit jungen Familien auf dem Weg zum Eigenheim konnte ich immer wieder neue Erfahrungen machen und auch heute lerne ich bei jedem Projekt Neues hinzu. Diese Erfahrungen möchte ich Ihnen in Form wertvoller Planungstipps weitergeben, damit auch Sie von meinen Erfahrungen profitieren und meine Fehler nicht auch Ihre Fehler werden.

Hinweis:

Die "Basics" zum Beispiel in den Bereichen rechtliche Grundlagen und Fördermöglichkeiten sind in diesem Ratgeber auf die Sachlage in Deutschland abgestellt. Der Übersicht halber habe ich andere Länder nicht mit einbezogen. Das Herzstück dieses Ratgebers sind die smarten Planungsideen als Anregungen für Ihre persönliche Planung. Diese sind länderunabhängig, sodass dieser Ratgeber auch für Familien aus anderen Ländern wie z.b. Österreich wertvoll sein kann.

Vielleicht werden Sie sich fragen, warum Sie in diesem Ratgeber keine Farbbilder finden. Farbbilder treiben die Druckkosten für ein Buch extrem in die Höhe. Deswegen habe ich hierauf bewusst verzichtet, damit Sie diesen Ratgeber zu einem moderaten Preis erwerben können.

Kapitel 1

Die Entscheidung

Kapitel 1: Die Entscheidung

Aller Anfang ist schwer. Das gilt gerade bei so umfangreichen und langwierigen Prozessen wie dem Hausbau. Auch Sie werden erleben, dass immer wieder Zweifel aufkommen oder sich Fragen in den Vordergrund drängen, die die Bauentscheidung in Frage stellen. Gerade, wenn Probleme auftauchen, Zeitpläne durcheinandergeraten oder die kreativen Ideen in einer Sackgasse feststecken, hilft das Wissen und Verständnis der Zusammenhänge, sich die Richtigkeit der eigenen Entscheidung für ein Eigenheim wieder vor Augen zu führen.

Eine der allerersten Fragen dürfte allerdings nicht die nach baulichen Details, Ausstattungen oder gewünschter Technik sein, sondern vielmehr die große Frage, ob denn der Hausbau selbst überhaupt das "Richtige" ist.

1.1 Hausbau vs. Hauskauf

Warum sollten Sie den Aufwand eines langwierigen und komplizierten Bauprozesses auf sich nehmen, wenn Sie auch eine bereits fertige Immobilie erwerben können? Sowohl der Hausbau als auch der Hauskauf haben ihre ganz eigenen Vor- und Nachteile.

TIPP: Greifen Sie bei der Entscheidung zwischen Hausbau und Hauskauf nicht auf vorgefertigte Meinungen zurück! Gewichten Sie die Argumente stattdessen anhand Ihrer ganz eigenen Bedürfnisse und auch der Prioritäten für Ihr ganz eigenes maßgeschneidertes Resultat.

Hausbau

Vorteile	Nachteile
Sie können Ihr Haus komplett nach Ihren Vorstellungen planen	Planung und Bau kosten Zeit
Sie bestimmen Ihr Planungsteam und die ausführenden Unternehmen	Preissteigerungen durch konjunkturelle Veränderungen, Nachträge und Änderungen gehen komplett zu Ihren Lasten
Bei allen Entscheidungen behalten Sie das letzte Wort	Während der Bauzeit unterliegen Sie einer Doppelbelastung aus Miete und ersten Raten, Baunebenkosten etc.
Sie legen Bauweise, technischen Standard und Ausbaudetails völlig frei nach Ihren Bedürfnissen fest	Die gesamte Organisation liegt in Ihrer Hand
Da Sie das Gebäude ab dem ersten Strich auf dem Papier begleitet haben, kennen Sie es bei Einzug in- und auswendig	Nach der Fertigstellung organisieren Sie Nacharbeiten und Mängelbehebungen selbst
Durch den Erstbezug stehen für lange Zeit weder Renovierungen noch Sanierungen an	Die mitunter langwierige Suche nach einem Grundstück liegt bei Ihnen
Sie wählen das Grundstück nach Ihren Präferenzen aus	

Kurz und knapp: Wenn Sie Ihr Haus selbst planen und bauen, haben Sie die größten Freiheiten, die allerdings auch mit den meisten Pflichten einhergehen. Von der Suche nach dem Grundstück bis zum Einzug liegen alle Entscheidungen in Ihrer Hand. Die Vorlaufzeit bis zum Einzug ist daher die Längste.

Hauskauf Neubau

Vorteile	Nachteile
Je nach Zeitpunkt der Kaufentscheidung haben Sie zumindest beim Ausbau ein Mitspracherecht	Bauweise, Gebäudeform und technische Ausstattung werden weitgehend vom Errichter vorgegeben
Sie erleben die Mühen der Bauabläufe nur am Rande	Das Gebäude ist fix an das vorgegebene Grundstück gebunden
Als Erstnutzer dürfen Sie sich über eine lange Nutzungsdauer bis zu den ersten Instandsetzungen freuen	Die Entscheidung über Planer und ausführende Unternehmen liegt alleinig beim Verkäufer
Das Baugrundstück wird vom Verkäufer gesucht und gekauft	Trotzdem haben Sie nach Einzug häufig einen großen Anteil an Nacharbeiten und Mängelbeseitigung
Ein fixer Übernahmetermin sichert Ihnen eine gut planbare Finanzierung ohne Doppelbelastung	Bauqualität und Preisgestaltung orientieren sich an der Gewinnerzielungsabsicht des Verkäufers

Kurz und knapp: Der Kauf einer neuen Immobilie erspart Ihnen einigen Aufwand, den Sie aber mit dem Verzicht auf einen Teil der Mitsprachemöglichkeiten erkaufen. Je mehr Mitsprache Sie wollen, desto früher müssen Sie im Projektablauf einsteigen und umso länger wird die Wartezeit bis zur Übernahme. Insbesondere die aufwändige Grundstückssuche bleibt Ihnen hier erspart.

Hauskauf Bestand

Vorteile	Nachteile
Sie übernehmen das Objekt zum fest vereinbarten Termin	Bauweise, Planung und Gebäudezustand sind vor Erwerb unveränderlich vorhanden
Ohne Bauphase kommen Sie meist ohne finanzielle Doppelbelastung aus	Das Traumobjekt mit exakt Ihren Wunschvorstellungen ist ohne Abstriche kaum auffindbar
Der Grundstückskauf entfällt, da Sie das Objekt als "Komplettpaket" erwerben	Durch die Vornutzung sind Renovierungen und Sanierungsarbeiten absehbar
Es fällt keinerlei Aufwand für Bau oder Nacharbeit des Gebäudes an	Veränderungen und Erweiterungen sind aufwändiger und kostenintensiver als im Neubau
Durch die Vornutzung sind Grünflächen und Bepflanzung bereits etabliert und gewachsen	

Kurz und knapp: Ein gebrauchtes Haus kann entweder sofort bezugsfertig sein oder einiges an Aufwand erfordern. Je günstiger die Immobilie ist, desto mehr Geld müssen Sie voraussichtlich selbst noch investieren. Und nicht immer sind Bestandsimmobilien verfügbar, sodass Ihre Möglichkeiten sehr stark vom Angebot des Markts abhängen.

1.2 Mieten als Alternative?

Die Wohnungsmiete kostet Geld, ohne dass daraus Wohneigentum entsteht. Darüber hinaus fehlt einem Mietverhältnis die langfristige Sicherheit, auch im Hinblick auf Mietsteigerungen und die eigene Absicherung im Alter.

So oder so ähnlich klingt häufig die Argumentation bei der Abwägung zwischen Immobilieneigentum oder Mietverhältnis. Und tatsächlich gibt es gute Gründe, die Miete zu Gunsten von Eigentum zu beenden. Allerdings sollten Sie sich nicht auf plakative Schwarz-Weiß-Behauptungen verlassen, sondern auch hier einen genaueren Blick auf das Für und Wider wagen. Insbesondere eine beispielhafte Betrachtung der langfristigen Kosten kann Ihnen bei der Abwägung einer Hausbauentscheidung entscheidende Hinweise geben:

Hausbau

Vorteile	Nachteile
Schaffung von Eigentum	Mehrfachbelastung durch Kreditraten, laufende Kosten, Versicherungen und Ansparen für zukünftige Instandhaltungsarbeiten
Möglichkeit der Altersvorsorge	Werterhalt der Immobilie langfristig nicht sicher absehbar

Miete

Vorteile	Nachteile
Kurzfristig stabile monatliche Kosten	Keine Schaffung von eigenem (Sach-)wert
Keine finanzielle Mehrbelastung	Keine langfristige Sicherheit der Verfügbarkeit
Sanierungs- / Instandhaltungskosten begrenzt auf Mieter umlegbar	Langfristige Mietpreisentwicklung nicht absehbar

Eine Beispielrechnung

Eine allgemeingültige Beispielrechnung ist wegen stark unterschiedlicher Miet- und Immobilienpreise kaum möglich. Allerdings können Sie die folgende beispielhafte Darstellung von Kosten problemlos mit Ihren eigenen Rahmenbedingungen anpassen und so für Ihre eigene Situation adaptieren:

Angenommene Voraussetzungen:

- Mietwohnung, 4 Zimmer mit 2 Stellplätzen

- mtl. Belastungen: Kaltmiete 1.200,00 EUR

Mietnebenkosten sowie sonstige Verbindlichkeiten werden hier nicht berücksichtigt, da sie als Sowie-so-Kosten bei der eigenen Immobilie ebenfalls in ähnlichem Rahmen anfallen.

Grundstückskaufpreis	100.000€
Grunderwerbsteuer (z.B. 6%)	6.000€
Notar- und Gerichtskosten	3.500€
Baukosten Haus	500.000€
Gesamtkosten	**609.500€**

abzgl. Eigenkapital	100.000€

Finanzierungsbedarf	509.500€
angenommener Zinssatz	1,2%
Sollzinsbindung	20 Jahre
Angenommene Gesamtkreditlaufzeit	28 Jahre, 3 Monate
angenommene Tilgung	3%
Resultierende monatliche Rate	1.749,28 EUR

Gezahlter Gesamtbetrag nach Rückzahlung Kredit   594.860,42€

Die Gegenüberstellung

Eigenkapital	100.000,00€
Rückzahlungsbetrag	594.860,42€
Gesamtkosten	**694.860,42€**

Miete nach 28 Jahren und 3 Monaten mit durchschnittlicher Mietsteigerung 1,8 % / Jahr (gemäß Mietpreisindex Deutschland): **524.273,57€**

Mehraufwand Hausbau: 170.586,85 EUR

Annahme weitere Kosten Eigenimmobilie:

Austausch Heizung nach 25 Jahren: 15.000,00 EUR

Sonstige Reparaturen / Renovierungen: 29 Jahre x 1.500,00 EUR / Jahr = 43.500,00 EUR

Gesamt 58.500,00 EUR

Bleibender Mehraufwand Hausbau: **229.086,85€**

Fazit:

Auch wenn diese Berechnung mit dauerhaft gleichbleibenden Zinssätzen und einer konstanten Mietpreissteigerung vereinfacht wurde, zeigt sie doch deutlich die Relation, in der der Hausbau und ein Mietverhältnis zueinanderstehen.

Der große Unterschied liegt jedoch ganz eindeutig darin, dass Sie am Ende des Betrachtungszeitraums beim Wohneigentum eine vollständig in Ihrem Besitz befindliche Immobilie mit allen Rechten und Pflichten Ihr Eigen nennen, während die Miete Ihnen nach wie vor lediglich ein monatlich erkauftes Nutzungsrecht einräumt.

Selbst, wenn Sie nun die Mehrkosten beim Hausbau gegenüber der Miete ansetzen, steht dem finanziellen Mehraufwand von ca. 200.000,00 EUR ein Immobilienwert gegenüber, der dann trotz Schwankungen am Immobilienmarkt sicherlich ein Vielfaches des finanziellen Mehraufwands ausmachen dürfte.

Zudem erreichen Sie nach Abschluss Ihrer Hausfinanzierung einen Punkt, an dem neben den laufenden Unterhaltungskosten keine weiteren Zahlungen mehr anfallen. Die bisherige Tilgungsrate kann nun zur Kapitalbildung und zur Schaffung von Rücklagen für zukünftige Modernisierungen eingesetzt werden. Mietzahlungen hingegen fallen an, solange Sie die Mietwohnung nutzen, ohne dass daraus in irgendeiner für Sie nutzbaren Form Kapital erwächst.

1.3 Warten aufs Eigenheim - Wie lange dauert der Hausbau?

Neben den Baukosten spielt die Zeitschiene in vielen Bauüberlegungen eine große Rolle. Vielleicht beschäftigen auch Sie Fragen oder Zweifel, wie lange man denn nun bis zum Einzug in das neue Eigenheim warten muss?

Eine allgemeingültige Antwort auf die Frage nach dem Zeitbedarf für den Hausbau gibt es leider nicht. Allerdings können Sie mit folgenden Zeitfenstern selbst Ihren eigenen Zeitrahmen abstecken:

1. Entscheidungsfindung und Vorbereitung

Noch lange bevor Sie tatsächlich in die Planung einsteigen, fällen Sie mit dem Wo, Wie und in welchem Umfeld die grundlegendsten Entscheidungen des gesamten Bauprozesses. Große zeitliche Faktoren sind hier:

- Grundstückssuche

- Entscheidung über Bauverfahren, Planer etc.

- Entwicklung einer Grundhaltung zum zukünftigen Gebäude

Dauer: einige Wochen bis Monate

2. Planung

Haben Sie erst einmal ein Grundstück und einen passenden Planer gefunden, geht es darum, Ihre Wünsche und Bedürfnisse zu konkretisieren und in eine umsetzbare Planung zu überführen. Neben dem Entwurf mit Grundriss und Gestaltung entscheiden Sie jetzt auch bereits über Bauweise und große Teile des technischen Ausbaus.

Dauer: ca. 3 bis 6 Monate

3. Genehmigung

Nun entscheidet die zuständige Baurechtsbehörde anhand der fertigen Pläne über die Genehmigung Ihres Wohnhauses. Je besser Ihre Planung von vorneherein aufgestellt ist, umso weniger Verzögerungen gibt es hier. Allerdings zeigt die Realität, dass kaum ein Vorhaben ohne Verzögerungen zur gesetzlichen Bearbeitungsfrist von (je nach Bundesland) rund 3 Monaten genehmigt werden kann.

Dauer: ca. 3 bis 5 Monate

4. Bauphase

Ist die Baugenehmigung erteilt, folgt die tatsächliche Realisierung, sprich der Bau Ihres Wohnhauses. Je nach gewählter Bauweise und der Planung Ihres Gebäudes mit oder ohne Kellergeschoss, in starken Hanglagen oder mit sonstigen Individualitäten, kann die Zeit vom ersten Spatenstich bis zum Einzug sehr stark variieren.

Holzbauweise bzw. Fertighäuser, nicht unterkellert: ab ca. 3 Monate

Aufwändige Massivhäuser: bis 12 Monate und mehr

5. Verzögerungen / Unvorhergesehenes

Je komplexer Ihr Projekt ausfällt, desto mehr Ansatzpunkte für mögliche Probleme oder zumindest zeitliche Verzögerungen bestehen. Sehen Sie deshalb für einen vorausschauenden Zeitplan ohne böse Überraschungen einen Zeitpuffer vor, den Sie bei Bedarf ansetzen können. Im Idealfall brauchen Sie ihn nicht und freuen sich über einen optimal genutzten Zeitrahmen.

Vorschlag: rund 4 bis 8 Wochen

Gehen Sie in aller Regel davon aus, dass Ihr Bauvorhaben einige etwas langwierigere und einige kurz und knapp durchlaufene Phasen beinhaltet. Als grober Mittelwert vom ersten Planungsgedanken bis zur Nutzung können Sie für ein durchschnittliches Einfamilienhaus in Massivbauweise von einem Zeitrahmen von rund 18 bis 24 Monaten ausgehen. Greifen Sie zu einer Holzkonstruktion oder einer Fertigbauweise, lässt sich die Bauzeit nochmals um bis zu 4 bis 6 Monate verkürzen.

1.4 "Bauen" - Was kommt wann auf mich zu?

Nichts ist schlimmer, als während der Bauphase plötzlich von einer zwingend erforderlichen Entscheidung unvorbereitet überrascht zu werden. Verschaffen Sie sich deshalb hier einen ersten Überblick darüber, was in welcher Projektphase auf Sie zukommt und von den Projektbeteiligten von Ihnen erwartet wird:

Die wohl erste Entscheidung nach der Entscheidung, ein Haus zu planen und zu bauen, dürfte sicherlich die Wahl sein, ob Sie Ihr zukünftiges Projekt selbst mit Architekten und Handwerkern stemmen wollen, oder ob Sie sich einen Partner an die Seite holen, der große Teile des organisatorischen Aufwands für Sie übernimmt. Im Folgenden gehe ich davon aus, dass Sie sich für den Hausbau in eigener Regie entschieden haben und damit alleinige Entscheider sein werden.

1. Entscheidungsfindung und Vorbereitung

Am Anfang steht das Budget. Denn ohne Geld lässt sich leider weder ein Haus planen, noch Ihr Eigenheim bezugsfertig errichten. Je nach vorhandenem Eigenkapital und Ihren privaten Möglichkeiten, bieten Ihnen die Kreditinstitute eine Baufinanzierung an, um Ihr Kapital um die nötigen Mittel für den Hausbau aufzustocken. Obwohl die Planung Ihres Hauses an dieser Stelle noch gar nicht begonnen hat, ist der Rahmen durch die Gesamtsumme, über die Sie verfügen können, gesteckt. Er dient zukünftig als Obergrenze Ihres Bauwunsches und limitiert das, was in Zukunft als Ihr zukünftiges Heim wächst und entsteht.

Der Auftakt in den Planungs- und Bauprozess bildet die Suche nach einem geeigneten Grundstück. Obwohl es ja vorerst "nur" unbebauter Grund ist, stellt diese Entscheidung die erste echte Hürde für Sie als Entscheidungsträger dar. Denn mit der Suche und dem Kauf Ihres Baugrunds stellen Sie maßgeblich die Weichen für die weitere Planung. Lage, Zuschnitt, Geographie, Ausrichtung und umgebende Bebauung bilden weitgehend den Rahmen, in dem sich Ihr späterer Entwurf bewegen wird.

29

Hand in Hand mit der Grundstückswahl geht außerdem die Festlegung, ob Sie ein freistehendes Einfamilienhaus, eine Doppelhaushälfte oder vielleicht sogar ein Reihenhaus bevorzugen. Denn nicht jedes Grundstück ermöglicht jede Bauform und nicht jede gewünschte oder sogar vielleicht auch ausgeschlossene Bauform ermöglicht die Nutzung jedes Grundstücks.

Mit dem Erwerb des Baugrundstücks sollten Sie möglichst bald einen Planer, also üblicherweise einen Architekten als sachkundigen und erfahrenen Partner an Ihre Seite holen. Er führt Sie durch den weiteren Bauprozess und fordert immer wieder die nötigen Entscheidungen von Ihnen ein.

Abschließend ist es sinnvoll, wenn Sie vor dem Start der eigentlichen Planung alle Ihre Wünsche und Vorstellungen, aber auch Ihre zwingenden Bedürfnisse zusammenfassen und schriftlich festhalten. So schaffen Sie eine Grundlage, zu der Sie im weiteren Planungsverlauf immer wieder zurückkehren können, um entweder einzelne Punkte wiederaufzugreifen, oder aber um sie zu revidieren oder anzupassen.

2.Planung

Gemeinsam mit Ihrem Architekten legen Sie in der Planungsphase fest, wie genau Ihr zukünftiges Heim gestaltet werden soll. Dazu zählen:

-   Grundrissplanung mit Räumen, Raumgrößen, -zuschnitten, -beziehungen, Erschließung etc.

-   Bauweise, also Massivbau, Holzbau oder Hybridbauweise

-   Bauform mit Kubatur (Volumen), Geschossigkeit, Geschossanordnung

-   Gestaltung des Gebäudes, z.B. Dachform, Fensteranordnung

-   Grundsetting für Gebäudetechnik, Ausbau und Außenanlagen

Ist der Rahmen für das eigentliche Gebäude gesteckt, entwickelt der Planer daraus einen Zeitplan bis zur Fertigstellung sowie eine erste Kostenschätzung. Ihre Aufgabe ist es nun, in immer wiederkehrenden Planungsrunden so lange mit dem Planer an Ihrem Gebäude zu feilen, bis dieses letztendlich Ihre Bedürfnisse erfüllt und sich zugleich zeitlich wie finanziell im realisierbaren Rahmen bewegt.

3. Genehmigung

Die Baugenehmigung wird von der zuständigen Behörde weitgehend ohne Ihr Zutun bearbeitet. Allerdings warten in dieser Projektphase ganz andere Aufgaben auf Sie, um die nachfolgende Bauphase vorzubereiten und einzuleiten. Gemeinsam mit Ihrem Architekten werden Sie

- die Planung präzisieren und in die sogenannte Werkplanung überführen (Pläne, nach denen die Handwerker Ihr Haus bauen)

- das festgelegte Grundsetting von Technik, Ausbau und Außenanlagen weiter bis zur Ausführungsreife detaillieren

- den Zeit- und Kostenplan nachführen und gegebenenfalls Anpassungen an der Planung vornehmen, um die vorgegebenen Rahmen einzuhalten

- die Ausschreibungen der einzelnen Gewerke vorbereiten und durchführen

- erste Gewerke (v.a. Erd- und Rohbauarbeiten) vergeben und den Baubeginn festlegen

- die Kostenschätzung anhand der Ausschreibungsergebnisse in eine Kostenberechnung überführen und den Kostenrahmen erneut kontrollieren.

4. Bauphase

Mit der Erteilung der Baugenehmigung und der Baufreigabe - der sogenannte "Rote Punkt" - beginnen
die tatsächlichen Bauarbeiten. Je besser die Vorar-
beit war, umso reibungsloser greifen nun die einzelnen Rädchen im Bauablauf, also die Handwerker und
Fachunternehmen, ineinander und lassen Ihr Traumhaus Schritt für Schritt in die Höhe wachsen. Spätestens mit Beginn der Bauzeit sollten die letzten Aus-
baugewerbe ausgeschrieben und vergeben werden.
Je später dies geschieht, desto länger kann Ihr Hausbau dauern, wodurch Ihr Kostenrahmen wiederum
überstrapaziert werden kann.

Während des Baus kommt nicht nur Ihrem Planer,
sondern auch Ihnen selbst vor allem die Aufgabe der
Kontrolle zu. Begehen Sie Ihre Baustelle regelmäßig
und schauen Sie sich den Baufortschritt und die Ausführung einzelner Punkte genau an. Vielleicht ist Ihnen ein Detail auf eine bestimmte Art und Weise besonders wichtig, welchem Handwerker und Architekt
aber weniger Bedeutung beimessen. Während des
Baus lassen sich solche Dinge recht einfach korrigieren,
während Änderungen nach der Fertigstellung deutlich mehr Aufwand und Kosten bedeuten.

Den krönenden Abschluss der Bauphase bildet die
Bauabnahme und schließlich Ihr Einzug in Ihren
zukünftigen Lebensmittelpunkt. Allerdings handelt es
sich hier nur sehr selten um den einen prägnanten
Termin, den Sie vielleicht bereits vor Ihrem inneren
Auge sehen und der mit einer formellen Übergabe
des Hausschlüssels endet. Vielmehr werden die
Gewerke Zug um Zug nach ihrer jeweiligen Fertigstellung abgenommen.

Und viele Rest- und Nacharbeiten mögen erst noch folgen, nachdem Sie bereits eine ganze Zeit in Ihrem neuen Heim gelebt haben. Prädestiniert sind hier beispielsweise die Außenanlagen, die häufig erst im folgenden Frühjahr und in vielen Fällen schrittweise umgesetzt werden.

Obwohl sie erst einige Zeit nach Bezug bei Ihnen eingehen dürften, bilden die Schlussrechnungen der Handwerker und Ihres Planers den Abschluss der Bauphase. Jetzt zeigt sich, ob Ihr Kostenrahmen eingehalten wurde, oder ob Sie zukünftige Wünsche möglicherweise noch etwas weiter in die Zukunft schieben müssen.

5. Nach Nutzungsbeginn

Sobald Sie Ihr Gebäude nutzen, werden Ihnen immer wieder Kleinigkeiten auffallen, die nicht in Ordnung sind oder auch "nur" nicht mit Ihren Vorstellungen übereinstimmen. Die ersten Monate und sogar Jahre werden Sie daher immer wieder mit Nacharbeiten und Ausbesserungen zu tun haben. Zudem steht zum Ende der Gewährleistungsfrist eine letzte Kontrolle und die Anmeldung erkannter Gewährleistungsmängel an.

Smart-Tipp: Die Baubegleitung

Obwohl Ihr Architekt treuhänderisch für Sie tätig ist und Ihre Interessen vertritt, kann eine weitere unvoreingenommene Meinung alternative Lösungsansätze aufzeigen und unbefriedigende Situationen und Planungsergebnisse neu beleuchten. Ziehen Sie daher in Erwägung, für einzelne Projektschritte einen externen Berater hinzuzuziehen. Geeignet sind entweder andere Architekten und Planer, oder aber Freunde oder Bekannte, die Sie und Ihre Lebensweise kennen und die möglicherweise bereits selbst über Bauerfahrung verfügen.

1.5 Der Hausbau -
Wann ist die richtige Zeit gekommen?

Den einen "richtigen" Zeitpunkt für den Hausbau gibt es nicht. Allerdings gibt es einige Fragen, die hinsichtlich der Zeit für ein Bauvorhaben immer wieder aufkommen und die sich recht einfach und sicher beantworten lassen:

In welchem Alter sollte man ein Haus bauen?

Um ein Haus zu bauen, sollten Sie in Ihrem Leben bereits an einem Punkt angelangt sein, an dem Sie sich dauerhaft niederlassen wollen und an dem die Familienplanung bereits ansteht oder sogar begonnen hat. Denn wie wollen Sie Entscheidungen für ein Leben treffen, das Sie möglicherweise erst in vielen Jahren beginnen?

Andererseits werden die Voraussetzungen für eine optimale Baufinanzierung schlechter, je weniger Jahre Berufstätigkeit und geregeltes Einkommen Ihnen noch verbleiben. Durch die Langfristigkeit von Baufinanzierungen geht es hierbei aber weniger um einzelne Jahre, sondern meist eher um Jahrzehnte. Je nach Eigenkapital und möglichen Sondertilgungen kann eine Baufinanzierung durchaus 25 oder sogar 30 Jahre dauern, wie bereits im Rechenbeispiel aus Kapitel 1.2 gut nachvollziehbar dargestellt.

Mit dem Alter für die Familienplanung steigt in der Gesellschaft auch das Alter für den Bau des Eigenheims. Viele Bauherren sind heute deutlich über 30 Jahre alt, wenn Sie die ersten Schritte in Angriff nehmen.

In welcher Jahreszeit beginnt die Baustelle?

Durch moderne Baustoffe und die extrem hohe Auslastung der Baubranche wird nahezu ganzjährig gebaut. Der klassische Baubeginn im Frühjahr mit einer Trocknungsphase über den Winter und Fertigstellung und Bezug im Folgejahr gehört daher heute der Vergangenheit an.

Allerdings können äußere Faktoren den Baubeginn wesentlich beeinflussen. Dazu zählen beispielsweise mögliche Baumfällungen oder Gehölzrodungen auf dem Baugrundstück, die nur von November bis Februar erfolgen dürfen. Andererseits können Erschließungsarbeiten eines Neubaugebiets Ihren Startschuss hinauszögern, bis beispielsweise die Straße und die Versorgungsleitungen fertiggestellt sind.

Lohnt es sich, auf sinkende Baukosten zu warten?

Eine verbindliche Antwort auf diese Frage ist leider nicht möglich. Allerdings zeigen die letzten Jahre und Jahrzehnte, dass Verzögerungen beim Bauen in aller Regel zu Preissteigerungen führen.

Die letzten 5 bis 10 Jahre sind in Sachen Baufinanzierung von extremen Niedrigzinsen nahe der Nullprozentfinanzierung geprägt. Sollte sich daran zukünftig wieder etwas ändern, kann das Zinsniveau nur steigen.

Die Baukosten dagegen entwickeln sich über die letzten Jahrzehnte permanent nach oben. Daher sind auch hier keine Einsparpotentiale zu erwarten. Selbst die früher üblichen konjunkturellen Schwankungen zwischen Winter (niedrige Angebotspreise) und Sommer (hohe Angebotspreise) sind heute verschwunden.

Kapitel 2

Finanzen

Kapitel 2: Finanzen

2.1 Was kostet ein Haus?

Ein Stück Haus mit einem fixen, alles inkludierenden Festpreis gibt es nicht. Das gilt selbst für Fertighäuser, die von Bauträgern schlüsselfertig errichtet und übergeben werden. Allerdings können Sie sich mit dem notwendigen Wissen über die einzelnen Kostenfaktoren gut auf die zu erwartende Gesamtsumme vorbereiten.

2.1.1 Wo entstehen Kosten? - ein Überblick

Sortiert nach einzelnen Themen werden die kostenentwickelnden Bereiche transparent und auch für Bauunerfahrene nachvollziehbar:

Das Baugrundstück

Ohne eigenen Grund und Boden fehlt Ihrem Eigenheim die Grundlage. Hier schlägt der erste große Anteil Ihrer Gesamtbelastungen zu Buche:

-       Grundstückskosten

Eventuell können beim Grundstück darüber hinaus im Einzelfall noch weitere Kostenfaktoren aktuell werden:

-       Maklerkosten

-       Abbruch bestehender Gebäude

-       Aufwand für Freiräumen, Abholzen etc.

-       Bodensanierung bei bestehenden Altlasten

Das Gebäude

Den sicherlich größten Anteil der Kosten macht das Gebäude selbst aus. Auch hier lässt sich durch die Unterteilung der einzelnen Themenkomplexe eine übersichtliche und nachvollziehbare Struktur schaffen:

Erdarbeiten (je nach Anfall):

Keine Baumaßnahme kommt ohne Eingriffe in den Boden aus. Je nach Gebäude, Grundstücksbeschaffenheit und Topographie ist die Spanne unterschiedlicher Maßnahmen hier sehr weit gespannt:

- Baugrube

- Fundamentaushub

- Geländemodellierungen (Abgrabungen, Anschüttungen)

- Bodenaustausch zur Steigerung der Tragfähigkeit

- Sicherungsmaßnahmen (vor allem in Hanglagen)

- Wasserhaltung bei Bauarbeiten im Grundwasser

- Erwerb oder Entsorgung von Bodenmaterial

Die Gründung

Ohne Gründungsmaßnahmen fehlt Ihrem Wohnhaus der sichere Stand, um die kommenden Jahrzehnte zu überdauern. Wiederkehrende Kostenpunkte können hier sein:

-   Fundamente

-   Bodenplatte

-   Besondere Gründungsmaßnahmen, z.B. Tiefgründung

Der Rohbau

Die eigentliche Gebäudehülle wächst im Rohbau. Hier fallen mit den klassischen Baugewerken die Kosten an, die Sie sicherlich am ehesten mit dem Thema Baukosten in Verbindung bringen:

-   Tragkonstruktion aus Wänden, Stützen, Decken und Dach

-   Gebäudehülle mit Dämmung und Außen- und Dachbelägen

-   Innenwände zur Raumaufteilung

-   Fenster und Außentüren

-   Eventuell Fertiggarage oder -carport als eigener Kostenpunkt (wenn nicht bereits in Gebäudekosten inbegriffen)

Haustechnik

Ohne Technik funktioniert heute kein Gebäude. Obwohl die Zahl der Themenfelder überschaubar ist, lassen sich die einzelnen Bereiche mit sehr hohen Unterschieden bei Inhalt und damit verbundenen Kosten ausfüllen:

- Sanitärinstallation

- Heizungstechnik

- Lüftungsanlagen

- Elektroinstallation

- Dateninfrastruktur

- Telefon / Fernsehen

- Besondere Einrichtungen (Alarmanlage etc.)

Innenausbau

Mit dem Innenausbau gestalten Sie Ihr direktes Wohnumfeld. Ausstattungsstandards, Qualitäten und individuelle Sonderlösungen führen zu ähnlich weit gefassten Kostenspannen, wie sie bereits bei der Haustechnik angerissen wurden:

- Bodenaufbau (Estrich) und Bodenbeläge

- Wand- und Deckenbeläge

- Sanitärausstattung

- Innentüren

- Treppen, Geländer

- Beleuchtungsobjekte (Leuchten, Einbauelemente etc.)

- Sonderausstattungen wie offene Kamine, Kachelöfen etc.

Außenanlagen

Ist das Gebäude fertiggestellt, wähnen sich viele Bauherren am Ziel ihrer Bemühungen und ihrer Ausgaben. Allerdings ist ein Wohnhaus erst dann komplett, wenn auch die Außenräume in der einen oder anderen Form ausgestattet wurden:

- Befestigungen von Wegen und Freiflächen

- Geländeanpassungen wie Stützmauern, Terrassierungen, Lichthöfe etc.

- Die Bepflanzung

- Terrassenüberdachungen oder Pergolen

- Geräteschuppen, Gartenhäuschen

- Sonderausstattung wie Teiche, Kinderspielgeräte, Kunstobjekte

Die Ausstattung

Auch wenn Sie aus Ihrem früheren Leben sicherlich einiges an Mobiliar bereits mitbringen, wird der neue Wohnraum erst mit der zugehörigen Ausstattung vollständig nutzbar:

- Die Küche

- Mobiliar

- Teppiche

- Dekoration (Bilder etc.)

- Unterhaltungselektronik (Fernseher, Soundsystem etc.)

Die Planung

Auch wenn Sie die Kosten für die Gebäudeplanung nach deren Abschluss nicht mehr in Form greifbarer Materie vorliegen haben, so können Sie den damit verbundenen Aufwand doch jeden Tag in Form Ihres Eigenheimes sehen und erleben:

- Architekt

- Statiker

- Vermesser

- Sonstige Fachplaner für Haustechnik

- Bodengutachter

- Archäologische Baubegleitung

Sonstige Baunebenkosten

Zuletzt bleiben verschiedene Nebenkosten, die aus einzelnen Belangen heraus erwachsen und häufig vernachlässigt oder sogar komplett unterschlagen werden:

- Maklerprovision

- Grunderwerbsteuer

- Notariatsgebühren (Eigentumsübertragung, Eintragung Grundschulden...)

- Anschlussgebühren Strom, Wasser, Telefon / Datenleitung

- Gebühren Vermessung und Katastereintragung

- Erschließungsbeitrag (anteiliger Beitrag an den Kosten für Straßen, Leitungen und allgemeine Infrastruktur im Baugebiet)

- Kosten Bauleistungsversicherung / Bauherrenhaftpflichtversicherung

- Bauzeitzinsen - Zinsen für die Baufinanzierung während der Bauphase, häufig als Doppelbelastung zur Miete

Smart-Tipp: Ungewohntes im Blick behalten

Notieren Sie sich bei allen laufenden Überlegungen zu Ihrem zukünftigen Heim alle Dinge, die Ihnen als Wunsch oder auch zwingende Anforderung ungewöhnlich vorkommen. Sprechen Sie Ihren Planer gezielt darauf an, denn gerade die ungewöhnlichen Details gehen in den ersten Projektphasen im Blick auf die Kosten häufig unter.

2.1.2 Steuern und Gebühren

Unter der Rubrik haben Sie bereits die wesentlichen Baunebenkosten kennengelernt. Einige der dort genannten Kostenpunkte sorgen häufig für Verwirrung oder sind mit unvollständigen oder sogar falschen Informationen im Umlauf. Daher erfahren Sie hier zu den wichtigsten Themen in Kürze die relevanten Fakten:

Die Maklerprovision

Es hält sich hartnäckig die Meinung, dass die Provision für den Grundstücksmakler generell vom Erwerber, also von Ihnen, getragen werden muss. In der Vergangenheit wurde tatsächlich so verfahren. Allerdings trat Ende 2020 eine neue gesetzliche Regelung in Kraft, die nach der Regelung der Provisionen bei Vermietungen nun auch die Provisionen beim Verkauf von Gebäuden oder Grundstücken neu fasst. Verschiedene Modelle ermöglichen nun die Aufteilung der Kosten auf Verkäufer und Käufer auf verschiedenen Wegen. Allerdings sollten Sie sich immer im Klaren sein, dass ein Verkäufer Ihnen seinen

Anteil der Provision jederzeit wieder über eine Erhöhung des Kaufpreises anlasten kann. Die formelle Verteilung der Maklerkosten regelt allerdings, wessen Interessen der Makler rechtlich vertritt.

Eine gesetzlich verbindliche Regelung zur Provisionshöhe gibt es nicht. Somit ist die Provision frei verhandelbar. Allerdings haben sich Sätze um 6 % des Kaufpreises zuzüglich der gesetzlichen Mehrwertsteuer heute als Standard etabliert.

Die Grunderwerbsteuer

Jeder Erwerb von Grundeigentum führt unweigerlich zur Zahlung der sogenannten Grunderwerbsteuer. Die Steuersätze variieren von Bundesland zu Bundesland und bewegen sich derzeit im Rahmen zwischen 3,5 und 6,5 % des Kaufpreises.

Wichtig zu wissen ist, dass sich die Grunderwerbsteuer immer auf das Grundstück mitsamt allen darauf befindlichen Bauwerken bezieht. Erwerben Sie also nur das Grundstück, versteuern Sie lediglich den Grundstückskaufpreis. Erwerben Sie ein bebautes Grundstück, versteuern Sie dagegen den Preis für Grundstück und Gebäude zusammen.

Das bedeutet für Sie: Sobald Sie Ihr Wohnhaus schlüsselfertig aus einer Hand einschließlich Grundstück erwerben, fällt die Grunderwerbsteuer immer auf den gesamten Kaufpreis an. Kaufen Sie dagegen selbst das Grundstück und lassen es erst anschließend bebauen, fallen die Baukosten aus der Versteuerung heraus.

Nehmen Sie an, die reine Errichtung Ihres Gebäudes ohne Grundstückskosten liegen bei 500.000,00 EUR. Setzen Sie den weit verbreiteten Steuersatz von 5% an, bedeutet das einen Unterschied in der Steuersumme in Höhe von 25.000,00 EUR!

Der Erschließungsbeitrag

Bevor Sie Ihr Grundstück bebauen dürfen, muss die Erschließung gesichert sein. Das bedeutet, dass die Straße gebaut wird und die Ver- und Entsorgungsleitungen in den Boden gelegt werden. Die Arbeit übernimmt die zuständige Kommune. Allerdings lässt diese sich den Aufwand wieder von Ihnen als Grundstücksnutzer vergüten - es fällt der sogenannte Erschließungsbeitrag als einmalige Zahlung an. Erwerben Sie dagegen ein bereits bebautes Grundstück, für das bereits der Beitrag entrichtet wurde, entfällt dieser Kostenpunkt für Sie.

Versicherungen

Bereits mit dem Erwerb Ihres Grundstücks sind verschiedene Versicherungen entweder notwendig, oder zumindest zu empfehlen. Sie helfen Ihnen, die unterschiedlichsten Risiken während des Baus abzusichern. Typisch sind die Bauherrenhaftpflichtversicherung, die Rohbaufeuerversicherung und die Bauleistungsversicherung. Je nach Versicherungsinstitut, Bausumme und Bauvorhaben können die Versicherungssätze hier stark variieren, sodass ein genauer Vergleich im Vorfeld lohnt. Häufig werden Kombinationspakete angeboten, wenn Sie gleich mehrere dieser Versicherungen bei einem Anbieter abschließen.

Wichtig für Sie ist zu wissen, dass all diese Versicherungen für die Bauphase natürlich entfallen, wenn Sie schlüsselfertig kaufen. Denn dann geht die Haftung erst mit der Übernahme Ihres Wohnhauses durch die symbolträchtige Schlüsselübergabe an Sie über.

2.1.3 Kosten voraussagen - aber wie?

Nach viel Theorie um die Kosten beim Hausbau stellt sich nun die Frage, wie Sie es schaffen, frühzeitig belastbare Kosten für Ihr Traumhaus zu kennen und diese im Laufe des Projektfortschritts auch zu überwachen.

Das Vorgehen zur Kostenermittlung und -überwachung ist wegen der Wichtigkeit dieses Themas für den Projekterfolg stark strukturiert und auch einheitlich geregelt. Zwar darf jeder Planer von den Regelungen auch abweichen, dennoch definiert die DIN276 "Kosten im Hochbau" in Deutschland eine allgemein akzeptierte Verfahrensart. Diese sieht im Verlauf Ihres Bauvorhabens insgesamt fünf Phasen vor:

Phase 1 - Kostenrahmen

- **Wann**: während der Grundlagenermittlung

- **Wie**: grober Gesamtrahmen anhand von Erfahrungswerten aus vergleichbaren, bereits errichteten Gebäuden

- **Genauigkeit**: sehr gering, da Gebäudekonzept noch unklar

Phase 2 - Kostenschätzung

- **Wann:** In der ersten (Vor-)Planungsphase

- **Wie:** anhand von Brutto-Grundfläche und Brutto-Rauminhalt durch Anwendung von Kostenkennwerten

- **Genauigkeit**: Abweichungen bis 30 % zulässig

Phase 3 - Kostenberechnung

- **Wann**: anhand des genehmigungsfähigen Entwurfs

- **Wie:** entweder anhand von übergeordneten Bauelementen (z.B. Quadratmeter Außenwände, Dach etc.), oder anhand grober Leistungsbereiche mittels Kostenkennwerten (Rohbau, Haustechnik, Außenanlagen etc.)

- **Genauigkeit**: Abweichungen bis 20 % zulässig

Phase 4 - Kostenanschlag

- **Wann:** Im Rahmen der Ausschreibungsphase, nach Fertigstellung der Werkpläne

- **Wie**: anhand von Bauelementen mit Kenntnis der genauen Ausführungsarten, in der Regel anhand von Erfahrungswerten vergleichbarer Ausschreibungsergebnisse

- **Genauigkeit**: Abweichungen bis 10 % zulässig

Phase 5 - Kostenfeststellung

- **Wann:** nach Baufertigstellung

- **Wie**: Zusammenfassung aller Abrechnungsergebnisse zur tatsächlich angefallenen Gesamtsumme (Kostenkontrolle)

- **Genauigkeit**: keine Abweichungen mehr möglich

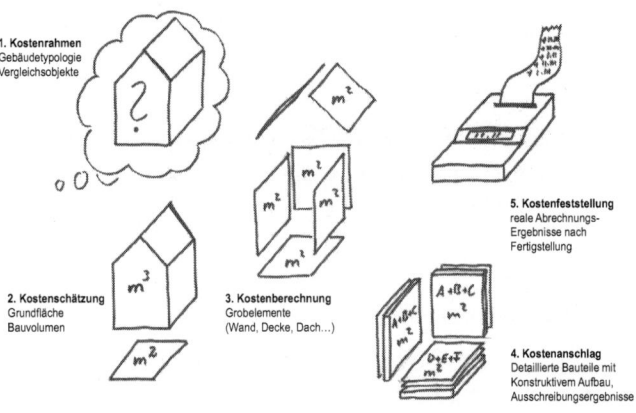

1. Kostenrahmen
Gebäudetypologie
Vergleichsobjekte

5. Kostenfeststellung
reale Abrechnungs-
Ergebnisse nach
Fertigstellung

2. Kostenschätzung
Grundfläche
Bauvolumen

3. Kostenberechnung
Grobelemente
(Wand, Decke, Dach...)

4. Kostenanschlag
Detaillierte Bauteile mit
Konstruktivem Aufbau,
Ausschreibungsergebnisse

Wie Sie sehen, steigt die Detaillierung mit zunehmendem Projektfortschritt parallel zur Verbindlichkeit Ihrer Planung. Ebenso sinkt aber auch im Verlauf die Gefahr von Fehlern in der jeweiligen Kostenermittlung.

Die hier angegebenen Werte geben maximale Abweichungen wieder, die in Gerichtsverfahren als noch akzeptabel eingestuft wurden. Allerdings bedeutet das keinesfalls, dass Ihr Planer diese Abweichungen auch tatsächlich in Anspruch nimmt!

Ein besonders sorgfältiger Planer wird in aller Regel versuchen, möglichst früh eine möglichst genaue Voraussage über die zu erwartenden Baukosten zu treffen. Denn jede böse Überraschung durch Mehrkosten führt im Bauablauf nahezu unweigerlich zu aufwändigen Anpassungen. Ihr Budget ist hier die verbindliche Kenngröße, die selbstverständlich den Rahmen des Planers festsetzt. Daher führen viele Architekten die Kostenermittlung bereits anhand des Detaillierungsgrades der nachfolgenden Phase durch, sodass Sie in den meisten Fällen bereits rascher, als es die DIN-Norm vorsieht, möglichst aussagekräftige Zahlen in der Hand haben.

Kostenkennwerte - Woher?

Ob Kubikmeter Wohnhaus, Quadratmeter Dachaufbau oder Meter Elektrokabel - jede Kenngröße erhält ihre Aussagekraft erst durch den damit verbundenen Kostenkennwert. Um an aussagefähige Kostenkennwerte zu gelangen, gibt es zwei Möglichkeiten:

Der Baukostenindex BKI

Der Baukosteninformationsdienst sammelt in Deutschland permanent Informationen zu den Kosten errichteter Gebäude. Diese werden ausgewertet und digital oder in Buchform zur Verwendung durch die Planer bereitgestellt. Für jede Phase werden für einzelne Gebäudearten, -formen und Bauweisen genau aufgegliederte Kostenkennwerte angeboten. Da Bauen von Region zu Region unterschiedlich teuer ist und sich die Preise von Jahr zu Jahr verändern, bieten ein sogenannter Regionalfaktor und eine Indexzahl die Möglichkeit, vom vorgegebenen Wert aus eine Anpassung des Kostenkennwerts für die eigene Region und das zu erwartende Baujahr vorzunehmen. So lässt sich beispielsweise auf Grundlage einer immensen Summe ausgewerteter Bauvorhaben sehr sicher aus einem Kennwert für einen Kubikmeter Einfamilienhaus in gehobener Massivbauweise in Hamburg aus dem Jahr 2015 errechnen, wie teuer ein Kubikmeter desselben Hauses voraussichtlich im Jahr 2022 in Stuttgart sein wird.

Erfahrungswerte

Die Alternative verfolgt letztlich denselben Weg, nutzt aber eine weit individuellere Datenbasis: Jeder Architekt sammelt im Laufe seiner Arbeit Erfahrungswerte zu den Kosten errichteter Gebäude und kann diese auch mit einiger Sicherheit ein oder zwei Jahre in die Zukunft projizieren. Der Vorteil hierbei liegt darin, dass Ihr Planer sowohl seinen Wirkungskreis als auch die Handwerker und nicht zuletzt seine eigene Art der Planung kennt und damit sehr individuelle Faktoren berücksichtigt, die der BKI nicht beinhaltet.

Smart-Tipp: Kostenermittlungen kombinieren

Viele Planer greifen ohnehin bereits zu einer Kombination beider Möglichkeiten, um Ihnen eine möglichst
verlässliche Kostenbasis zu bieten. Fragen Sie hier
gezielt nach und sichern Sie auch sehr detaillierte
Kostenberechnungen und -anschläge immer nochmals
über eine überschlägige Ermittlung amhand von Wohnfläche oder Kubatur auf Plausibilität ab. Denn Fehler
sind menschlich, verursachen beim Hausbauen aber
gerade hier schwerwiegende Folgen.

2.2 Die Finanzierung

Trotz guter Verdienste und eigener Ersparnisse
werden Sie vermutlich - wie die meisten Bauherren
- die Kosten für Ihren zukünftigen Lebensmittelpunkt
nicht vollständig aus eigener Tasche bewältigen
können. Denn der Hausbau stellt in aller Regel die
größte Einzelausgabe im Leben eines Menschen
dar. Bereiten Sie sich daher bestmöglich auf die
Finanzierungsphase vor, um im Gespräch mit den
Banken Aussagen und Angebote richtig einschätzen
zu können.

2.2.1 Eigenkapital und Baufinanzierung

Wie viel Eigenkapital?

Eine große Unsicherheit besteht immer wieder beim Thema Eigenkapital. Wie viel ist nötig, um sich überhaupt ein eigenes Wohnhaus leisten zu können?

Auch, wenn es hier keine eindeutige Antwort gibt, können Sie sich an folgenden Zusammenhängen orientieren:

Je weniger Eigenkapital vorhanden ist, desto höher muss der Kredit ausfallen und umso länger fällt die Rückzahlung aus.

Was bedeutet das nun für Sie? Sofern Ihre finanziellen Möglichkeiten durch Einkommen unverändert bleiben, lohnt sich das Warten und Ansparen von weiterem Eigenkapital vor allem dann, wenn Sie weitere Zuflüsse durch Erbschaften, familiäre Unterstützung oder Prämienzahlungen im Beruf erwarten können. Andernfalls dürften die durch die geringere Finanzierungssumme eingesparten Zinszahlungen rasch von der normalen Baupreissteigerung während des Wartens aufgefressen werden.

Aber Achtung: Viele Kreditinstitute und Banken fordern einen Mindeststock an Eigenkapital, sodass Sie beispielsweis in der Lage sind, wenigstens die Kaufnebenkosten eigenständig abzudecken. Bei Hauskäufen geht man in der Regel von rund 12 % des Kaufpreises aus, bei Bauvorhaben dagegen von rund 15 bis 20 % der Bausumme. Je mehr Eigenkapital Sie mitbringen, desto sicherer ist das Geschäft auch für die Bank und umso günstigere Konditionen werden Sie üblicherweise erhalten.

Übrigens können auch Eigenleistungen von den Banken als Eigenkapital anerkannt werden. Allerdings müssen Sie dafür eine entsprechende Qualifikation aufweisen, sodass Sie hier eventuell rasch an Ihre Grenzen stoßen können.

Wie finanzieren?

Die wohl gängigste Finanzierungsform dürfte der klassische Baukredit sein. Sie erhalten eine gewisse Summe Geld für einen bestimmten Zeitraum und zahlen dafür Zinsen. Trotz individueller Kreditangebote der verschiedenen Banken, können Sie von folgenden Zusammenhängen ausgehen:

-   Längere Festzinsbindung = höherer Zinssatz

-   Gängige Festzinsbindungen: 5, 10, 20 und 30 Jahre

-   Anschlussfinanzierung nach Ablauf der Zinsbindungsfrist bei kurzen Laufzeiten ohne vollständige Rückzahlung der Restschuld gilt als Unsicherheit

-   Rückzahlung als regelmäßige Rate. Einmalzahlungen (Sondertilgungen) können vertraglich vereinbart werden

-   Zinssätze variabel (risikoorientiert) oder fest (sicherheitsorientiert) vereinbar

Eine weitere immer wieder angebotene Form der Baufinanzierung ist der Bausparvertrag. Entweder haben Sie bereits in der Vergangenheit mit dem Bausparen begonnen, oder Sie legen einen neuen

Bausparvertrag an, den Sie dann zur Finanzierung Ihres Eigenheims nutzen. Da die über diesen Vertrag abrufbare Kreditsumme erst in vielen Jahren nutzbar wird, bieten Kreditinstitute bei diesem Finanzierungsmodell die Möglichkeit eines fixen Vorauskredits, den Sie dann bei Fälligkeit über den Bausparkredit ablösen.

Der Vorteil hierbei liegt in der vollständigen Sicherheit in Sachen Zinsniveau vom ersten bis zum letzten Euro der Rückzahlung. Allerdings erkaufen Sie diese Sicherheit in der Regel durch ein etwas höheres Gesamtzinsniveau sowie die bei Bausparverträgen immer anfallenden Belastungen durch Abschlussgebühr und laufende Kosten.

Smart-Tipp zur Baufinanzierung: Ratenzahlung mit Sondertilgungsoption

Auch wenn Sie in der Lage sind, hohe Ratenzahlungen zu bewältigen, machen etwas niedrigere Raten Sinn. Vereinbaren Sie mit Ihrer Bank die Möglichkeit zu Sondertilgungen. Dann können Sie trotzdem Ihr Wunschvolumen tilgen, erhalten sich aber im Falle unvorhergesehener Belastungen ein hohes Maß an finanzieller Flexibilität. Vereinbaren können Sie Sondertilgungen entweder als freiwillige Leistung, oder aber als regelmäßige, zum Beispiel jährliche Verpflichtung. Prüfen Sie hier vor Abschluss einer Finanzierung genau die Konditionen.

Kreditsicherheit und Eigentumsverhältnisse

Seien Sie sich immer bewusst, dass Ihnen eine Bank nur dann Geld leiht, wenn dieses Leihgeschäft über einen Gegenwert abgesichert ist. Üblich ist daher die Belegung Ihres Baugrundstücks und Ihres Neubaus mit einer sogenannten Grundschuld. Diese wird im Grundbuch zu Gunsten des jeweiligen Geldgebers eingetragen.

2.2.2 Die Einliegerwohnung - Steuern sparen mit Mehrwert

Haben Sie schon einmal über eine Einliegerwohnung nachgedacht? Ja, mit einer solchen Kleinwohnung im Haus holen Sie sich Mieter und damit fremde Menschen ins Haus. Allerdings kann eine solche Ergänzung einige deutliche Vorteile mit sich bringen:

Steuervorteile

Im Gegensatz zu Ihrem selbst genutzten Wohneigentum können Sie sich den Steueranteil der Kosten für die Einliegerwohnung über jährliche Abschreibungen zurückholen. Maßgeblich sind hierfür die Baukosten für die Einliegerwohnung, wobei viele Bauteile, wie Gründung, Bodenplatte etc. natürlich auch Ihrer Nutzungseinheit zugutekommen. So können Sie die Steuervorteile teilweise auch auf Ihre eigene Wohnung übertragen. Hinzu kommt, dass Sie die Kreditzinsen für die anteilige Bausumme steuerlich als Werbungskosten geltend machen können.

Flexibilität

Nebenbei bringt Ihnen die Einliegerwohnung aber noch einen anderen ganz praktischen Vorteil: Sehen Sie diese Räumlichkeiten als Nutzungsreserve. Wächst Ihr Platzbedarf in Zukunft, können Sie den Bereich selbst nutzen. Sinkt Ihr Bedarf, generieren Sie über die Vermietung ein Einkommen. Behalten Sie außerdem auch die perspektivischen Möglichkeiten als Unterkunft für Pflegepersonal oder für die pflegebedürftigen Eltern im Alter im Hinterkopf. Und welcher Teenager träumt nicht davon, sich von seinen Eltern abzunabeln und seinen eigenen kleinen Bereich im Haus der Eltern zu beziehen?

2.2.3 Vom Budget zum Haus - eine Beispielrechnung

Mittlerweile wissen Sie, wo überall Kosten entstehen und wie Ihr Planer Schritt für Schritt die zu erwartenden Kosten ermittelt. Bereits lange vor diesen Schritten steht aber ein anderer wichtiger Schritt an: Sie kennen Ihren verfügbaren Finanzierungsrahmen und müssen aus diesem Budget Ihre baulichen Möglichkeiten ermitteln. Dabei können Sie selbst genauso vorgehen, wie es auch Ihr Planer im Rahmen der ersten Planungsüberlegungen tut. Beispielhaft können Ihre Überlegungen dabei folgendermaßen aussehen:

Kostenkennwerte gemäß Baukosteninformationsdienst (tatsächliche Werte für Ihre Region bitte separat entnehmen):

Der Rechenweg

Ihr Budget:	600.000,00 EUR
abzgl. angenommene Grundstückskosten	- 80.000,00 EUR
Verfügbares Budget für Baukosten	520.000,00 EUR
abzgl. Baunebenkosten	
(ca. 20 % der Gesamtkosten)	-104.000,00 EUR
Verbleibendes Restbudget für den reinen Hausbau	416.000,00 EUR

Bruttorauminhalt (Bauvolumen)	500,00 EUR / m³
Bruttogeschossfläche (Grundflächen aller Geschosse)	1.400,00 EUR / m²
Wohnfläche	1.900,00 EUR / m²

Variante 1 - Bruttorauminhalt

416.000,00 EUR / 500,00 EUR / m³ = 832 m³

(z.B. ca. 10 x 10 m Grundfläche, 8,30 m hoch - 2 Wohngeschosse + Keller)

Variante 2 - Bruttogeschossfläche

416.000,00 EUR / 1.400,00 EUR / m² = 297 m²

(z.B. 3-geschossig mit je 99 m² Grundfläche - 2 Wohngeschosse + Keller)

Variante 3 - Wohnfläche

416.000,00 EUR / 1.900,00 EUR / m² = 219 m²

(z.B. 2 Wohngeschosse mit insgesamt 145 m² Wohnfläche + Kellergeschoss mit 74 m² Nutzfläche)

Gleichen Sie nun die Ergebnisse mit Ihren Vorstellungen ab und Sie erfahren sehr einfach, ob Ihr Budget und Ihr Bauziel zusammenpassen. Seien Sie sich aber unbedingt im Klaren, dass diese überschlägige Ermittlung durch Ausbaustandards und individuelle Besonderheiten von Grundstück und Planung noch sehr stark variieren können.

Smart-Tipp: Rechenwege kombinieren

Im Einzelfall können die Ergebnisse Ihrer Machbarkeitsberechnungen je nach einzelnem Kostenkennwert deutlich abweichen. Nutzen Sie daher im Idealfall mehrere der aufgezeigten Rechenwege und ziehen Sie den Mittelwert aller Ergebnisse als aussagekräftigen Leitfaden in Ihre zukünftigen Überlegungen ein.

2.2.4 Das Grundstück als Kostenfaktor - Alternative Ideen

Der größte Einzelfaktor Ihrer Kostenbelastungen ist in aller Regel das Baugrundstück. Beziehen Sie auch kreative Lösungsansätze zur Grundstücksfrage in Ihre Überlegungen ein und erhalten Sie die Chance, die Grundstückskosten zumindest teilweise für andere Verwendungen rund um Ihr Haus freizumachen.

Erbschaften

Möglicherweise verfügen die Großeltern, die Großtante oder andere Verwandte noch über nutzbare Grundstücke? Wenn das der Fall ist, lohnt ein Gespräch, um über eine vorzeitige Übernahme der Fläche zu sprechen. Denn auch, wenn Sie eventuell andere Miterben anteilig auszahlen müssen, macht der eigene Erbteil sicherlich immer noch einen nennenswerten Betrag aus.

Nachverdichtung

Der Trend bei Baugrundstücken geht zu einer immer dichteren Bebauung immer kleinerer Parzellen. Ältere Gebäude stehen daher oft auf sehr großzügigen Flächen, die aus heutiger Sicht problemlos mit einem weiteren Haus bebaut werden könnten. Vielleicht stellt der Hausbau auf dem Grundstück der eigenen Eltern oder Schwiegereltern eine echte Alternative dar? Neben den entfallenden Grundstückskosten erweist sich auch die bereits bestehende Erschließung und der bereits entrichtete Erschließungsbeitrag als vorteilhaft für Ihr Budget. Beachten Sie die entstehenden Eigentumsverhältnisse aber unbedingt bei der Finanzierung und der Eintragung etwaiger Grundschulden!

Baugruppen

Zumindest eine Überlegung wert ist der gemeinsame Hausbau mit anderen Bauherren. Zwar bedeutet das einen nochmals höheren Abstimmungs- und Planungsaufwand. Allerdings ermöglicht Ihnen eine solche Baugruppe den Griff zu weit größeren, gemeinsam nutzbaren Grundstücken und im Gegenzug die Aufteilung der dann nur einmalig anfallenden Erschließungsbeiträge und Gebühren auf mehrere Parteien. Und entgegen der klassischen Baugruppe muss das entstehende Ergebnis ja kein Mehrfamilienhaus sein. Auch in der Baugruppe kann jede teilnehmende Familie problemlos Ihr eigenes Gebäude in Form eines Reihenhauses, Doppelhauses oder sogar eines freistehenden Einfamilienhauses nach eigenen Vorstellungen verwirklichen.

2.2.5 Gut abgesichert ins Eigenheim

Wer ein Haus planen und bauen möchte, geht unzählige Wagnisse ein. Die richtigen Versicherungen helfen, Ihr Risiko zu minimieren und selbst böse Überraschungen gut zu überstehen. Folgende zwei Versicherungen sind essenziell und sollten möglichst frühzeitig im Bauablauf abgeschlossen werden:

Die Bauherrenhaftpflichtversicherung

Als Bauherren übertragen Sie einen großen Teil Ihrer Verantwortung auf Ihren Architekten und die ausführenden Unternehmen. Einige Themen bleiben aus rechtlicher Sicht aber dennoch bei Ihnen - allen voran die Absicherung Ihrer Baustelle gegenüber Dritten. Die Haftpflichtversicherung für Bauherren übernimmt eventuelle Schäden Dritter, die aus Ihrem Bauablauf und den Gefahren der Baustelle heraus erwachsen. Diese Versicherung ist in Deutschland sogar verpflichtend und muss von Ihnen zwingend abgeschlossen werden.

Die Bauleistungsversicherung

Sobald ein Handwerker seine Arbeiten abgeschlossen hat, müssen Sie diese abnehmen. Ab diesem Zeitpunkt gehen Schäden an diesen Leistungen zu Ihren Lasten. Ursache können Fahrlässigkeit oder Vandalismus, aber auch Naturgewalten wie Sturm oder Überschwemmungen sein. Eine Bauleistungsversicherung sichert alle an Ihrer Baustelle erbrachten Leistungen ab und entlastet Ihr Budget im Schadensfall.

Die Rohbaufeuerversicherung

Sozusagen als "Vorgänger" der Wohngebäudeversicherung sichert die Rohbaufeuerversicherung Ihr Wohnhaus bereits in der Entstehung gegen Feuer ab.

Die Bauherrenrechtsschutzversicherung

Zwar ist eine Rechtsschutzversicherung keine verpflichtende Versicherung, sie unterstützt Sie jedoch in möglicherweise anstehenden privatrechtlichen Verfahren gegen Planer, Handwerker oder andere Baubeteiligte. Da rechtliche Verstrickungen am Bau sehr häufig sind, sollten Sie den Abschluss einer speziell auf Bauleistungen ausgelegten Rechtsschutzversicherung in Erwägung ziehen. Allgemeine Versicherungen schließen Bauangelegenheiten dagegen meist aus.

Die Restschuldversicherung

Nicht nur der Tod eines Familienmitgliedes, sondern bereits eine langwierige Krankheit oder schlicht Arbeitslosigkeit können die Rückzahlung Ihres Darlehens verhindern. Für diese Fälle bietet eine Restschuldversicherung Schutz, sodass Ihre Immobilie trotzdem für Sie erhalten bleibt.

Good to know: Die Architektenhaftpflichtversicherung

Gut zu wissen ist die Tatsache, dass auch Ihr Architekt verpflichtet ist, sich über eine sogenannte Architektenhaftpflichtversicherung abzusichern. Damit sind alle Schäden abgesichert, die aus den Aufgaben des Architekten heraus erwachsen. Da der Architekt als Ihr Treuhänder vor Ort agiert, ist er bei Schäden jeglicher Art nahezu immer im Boot. Handelt es sich um Schäden, die auf planerische Fehler zurückzuführen sind, greift die Haftung und somit auch die Versicherung des Planers bis zu 20 Jahre lang und übernimmt Ihre daraus entstehenden Kosten.

2.3 Förderprogramme

Es ist immer schön, wenn sich abseits von Eigenkapital und Baufinanzierung weitere Wege zeigen, das eigene Budget zu erhöhen. Öffentliche Förderprogramme sind eine gute Möglichkeit, für eine bestimmte Gegenleistung in Form einer Bauweise oder eines Baustandards zusätzliche Finanzmittel zu erhalten.

Als staatliches Förderinstitut bietet die Kreditanstalt für Wiederaufbau (KfW) bundesweit einheitliche Förderprogramme für den Hausbau oder auch die Sanierung an. Entweder als besonders zinsgünstige Kredite oder als einmaliger Tilgungszuschuss werden finanzielle Vorteile angeboten, wenn Sie bei Ihrem Bauvorhaben über die gesetzlichen Mindestforderungen hinaus gewisse energetische Rahmenbedingungen einhalten.

Neben der KfW bestehen immer wieder landesweite oder regionale Förderprogramme mit ganz eigenen Förderkriterien, wie sie beispielsweise die NRW Bank anbietet.

Fragen Sie hierzu mit Konkretisierung Ihres Bauwunsches bei der Kommune oder dem zuständigen Landratsamt nach.

Sicherlich haben Sie Verständnis, dass ich an dieser Stelle keine einzelnen Förderprogramme vorstelle. Die jeweiligen Konditionen (Einkommensgrenzen, Obergrenzen, förderfähige Kosten etc.) unterliegen recht raschen Veränderungen, sodass eine Darstellung ohnehin nur kurzfristig den tatsächlichen Gegebenheiten entspräche.

Smart-Tipp: langfristige Kostenvorteile einbeziehen

Eine vorausschauende und zukunftsweisende Planung erfüllt die Förderkriterien der KfW häufig ohnehin. Wägen Sie den Mehraufwand für die Erfüllung der Förderkriterien nicht nur gegen die Fördersumme ab. Beziehen Sie auch dauerhafte Energieeinsparungen während der zukünftigen Nutzung in Ihre Rechnung mit ein, um den Vorteil eines Förderprogramms möglichst realistisch zu erfassen.

Gerade für Familien bieten sich unzählige Fördermöglichkeiten. Beziehen Sie daher auch Ihre Familienplanung in Ihre Gedanken zu Fördergeldern mit ein. Nicht immer erscheint ein Bankangebot sofort perfekt. Denn gerade langfristige Fördermöglichkeiten machen im Vorfeld Arbeit und werden aus diesem Grund von einigen Kreditinstituten entweder gar nicht oder erst auf Ihre Nachfrage hin miteinbezogen. Vergleichen Sie daher die Angebote unterschiedlicher Banken und gleichen Sie die enthaltenen Förderprogramme gegeneinander ab. So lässt sich ein anfänglich interessantes Angebot rasch als langfristig teurer erkennen und umgekehrt.

Kapitel 3

Erste Schritte

Kapitel 3: Erste Schritte

3.1 Das Baugrundstück

Der erste greifbare Schritt über Überlegungen und Planungen hinaus ist der Weg zum eigenen Grund und Boden. Die zunehmende Baudichte aber auch der Bedarf an Wohnraum erschweren Ihnen diese Aufgabe mehr und mehr. Nutzen Sie daher alle Möglichkeiten, um Ihr Traumgrundstück auch tatsächlich zu finden.

3.1.1 Viele Wege zum eigenen Grundstück

Wie finden Sie ein geeignetes und zugleich verfügbares Baugrundstück? Während Sie beim Hausplanen und -bauen weitgehend selbst die Initiative in den Händen halten, hängt Ihr Erfolg hier zu großen Teilen von äußeren Faktoren ab. Dennoch können Sie viel tun, um die Vorzeichen Ihrer Suche positiv zu gestalten und den Erfolg im Rahmen Ihrer Einflussmöglichkeiten zu sichern.

Die eigene Suche - Wo und Wie?

Die Kanäle, über die Baugrundstücke heute verkauft werden, sind vielfältig und nehmen durch moderne Mediennutzung stetig zu. Längst sind klassische Anzeigen nicht mehr das Mittel der Wahl. Nutzen Sie stattdessen alle Ihnen zur Verfügung stehenden Kanäle, um einerseits Grundstücksangebote zu finden; andererseits sollten Sie sich aber darüber hinaus auch aktiv als Interessent positionieren. Denn nicht jedes zur Verfügung stehende Grundstück wird öffentlich angepriesen. Viele Eigentümerwechsel gehen heute im Stillen und über die sogenannten "kleinen Dienstwege" von statten. Möglichkeiten einer zeitgemäßen Grundstückssuche sind beispielsweise:

- Onlineportale zur Immobilien- und Grundstücksvermittlung

- Regionale oder lokale Baumessen und Leistungsschauen

- Digitale Kleinanzeigenportale und Handels- / Tauschbörsen

- Örtliche Aushänge bzw. Anzeigenschaltungen

Smart-Tipp: Streuen Sie Ihr Kaufinteresse an einem Baugrundstück möglichst breit im Verwandten- und Bekanntenkreis. Sie werden sich wundern, wie viele Grundstücke und Immobilien "unter der Hand" den Eigentümer wechseln, da viele Besitzer den Aufwand unzähliger Anfragen auf Anzeigen hin vermeiden wollen.

Der Makler als professionelle Unterstützung

Anstatt selbst zu suchen, fungieren Grundstücks- und Immobilienmakler als Vertreter Ihrer Interessen und begeben sich an Ihrer Stelle auf die Suche. Ihre Vorteile liegen klar auf der Hand:

- Hohe Branchen- und Fachkenntnis

- Optimale Vernetzung zu allen für den Grundstückskauf relevanten Stellen

- Gute Kenntnis von Angebot und Nachfrage

- Zeitvorteil (Makler sucht beruflich, Sie suchen nebenbei)

-       Bestehende und erprobte Strukturen und Abläufe der Grundstückssuche

Selbstverständlich verlangt ein Makler für seine Leistung auch eine Gegenleistung: die Provision. Näheres zur Maklerprovision finden Sie im vorangegangenen.

Gemeinden als Grundstücksverkäufer

Gute Chancen auf den Erhalt eines Baugrundstücks bestehen bei der Ausweisung und Erschließung neuer Baugrundstücke, da hier in aller Regel mehr als ein einzelnes Grundstück zum Verkauf steht. Üblich ist die Realisierung eines Baugebiets durch die jeweilige Kommune, sodass Ihr Ansprechpartner in diesem Fall auch die Kommune selbst ist. Entgegen dem freien Markt, wo in erster Linie der Preis den Zuschlag bestimmt, verfolgen Städte und Gemeinden mit der Baulandzuweisung auch kommunalpolitische Ziele.

Hin und wieder erfolgt der Zuschlag für ein Grundstück noch nach dem Motto "first come, first served" - also wer zuerst zusagt, erhält den Zuschlag. Mehr und mehr vergeben Kommunen Ihre Baugrundstücke heute jedoch nach festen Wertungskriterien. Meist füllen Sie im Rahmen Ihrer Bewerbung daher einen Fragebogen aus, dessen Auswertung dann zu Ihrem Platz auf der Vergabeliste führt. Gängige Vergabekriterien, die mit unterschiedlichen Punktzahlen gewichtet in die Gesamtbewertung einfließen können, sind:

- Familienstand und Kinderzahl

- Bisheriger Lebensmittelpunkt

- Geplante Nutzung (Eigennutzung / Vermietung)

- Sonstiger Immobilienbesitz

- Aktivität in ortsansässigen Vereinen / Gruppierungen

-       Ort der Arbeitsstätte (Pendler oder vor Ort arbeitend?)

-       Sonstige individuelle Kriterien der Kommune

Einerseits birgt eine solche Vergabepraxis für Sie eine hohe Unsicherheit, wenn die Kriterien nicht offengelegt werden. Zudem ist der Zuschlag häufig mit festen Bewerbungsfristen und somit auch Wartezeiten verbunden. Andererseits dürfen Sie auf eine subjektivere Beurteilung Ihrer Bewerbung hoffen.

Übrigens ist es bei der Bewerbung um Grundstücke im kommunalen Besitz gut zu wissen, dass Kommunen bei der Veräußerung an den sogenannten Bodenrichtwert gebunden sind, zu dem Sie im Abschnitt 3.1.3 Grundstückskosten und Bodenrichtwert mehr erfahren.

Grundstücksteilungen

Möglicherweise verfügt Ihre Verwandtschaft selbst über große Grundstücke, die grundsätzlich eine weitere Bebauung ermöglichen würden. Allerdings suchen viele Menschen klare Regelungen und wollen fremdes Eigentum auf ihrem Grund und Boden zur Vermeidung von rechtlichen Schwierigkeiten gerne umgehen. Dann bietet sich die Möglichkeit einer Grundstücksteilung. Ein Eigentümer hat jederzeit die Möglichkeit, sein Grundstück beliebig zu teilen und die neu geschaffenen Teile separat zu veräußern. Wichtig ist hierbei allerdings, dass die neu geschaffenen Grundstücke auch aus rechtlicher Sicht bebaubar sind. Sollten Sie eine Grundstücksteilung zur Schaffung Ihres zukünftigen Baugrunds anstreben, lohnt vorab der Kontakt zur Baurechtsbehörde, um die zukünftig mögliche Bebaubarkeit abzustimmen.

Erbpacht

Zuletzt mag ein geeignetes Grundstück zwar gefunden sein, der Eigentümer kann sich aber nicht zum Verkauf durchringen. Eine heute zwar nur noch selten genutzte, rechtlich aber immer noch mögliche Lösung dieses Dilemmas heißt Erbpacht. Das Bodeneigentum bleibt in diesem Fall im Besitz des ursprünglichen Eigentümers. Allerdings erhalten Sie ein lebenslanges und sogar an Ihre Nachkommen vererbbares Pacht- und Nutzungsrecht. So haben Sie trotz des fehlenden Grundeigentums eine dauerhaft rechtssichere Möglichkeit der Bebauung und der Nutzung des Grundstücks. Darüber hinaus entfällt bei dieser aus heutiger Sicht eher ungewöhnlichen Lösung der Kaufpreis. Stattdessen müssen Sie sich

allerdings auf eine regelmäßige Pachtzahlung ein-
stellen, die aber im Hinblick auf die Baufinanzierung
in vielen Fällen leichter zu bewältigen ist, als die
große Summe des einmaligen Kaufpreises.

Abbruch und Neubau

Sicherlich haben Sie auch diese Möglichkeit bereits
im Hinterkopf, dennoch soll sie hier kurz erwähnt
werden: Wenn kein freies Baugrundstück verfügbar
ist, ist vielleicht eine bereits mit einem mittlerweile
ungenutzten Gebäude bebaute Parzelle eine sinnvolle Lösung. Zwar müssen Sie den Abbruch des
Bestandsgebäudes und die Herrichtung des Grundstücks in Ihr Gesamtbudget einplanen, allerdings
punktet ein bereits bebautes Grundstück mit einigen
anderen deutlichen Vorteilen:

-      Lage oftmals im gewachsenen Ortskern

-      Erschließungsbeitrag meist bereits beglichen

-      Bestehendes Umfeld ohne sterilen
       Neubaugebietscharakter

3.1.2 Grundstückskosten und Bodenrichtwert

Über Grunderwerbsteuer und Notarkosten haben
Sie bereits im Kapitel 2.1.2 Steuern und Gebühren
einiges erfahren. Allerdings ist bisher offen, wie hoch
die eigentlichen Grundstückskosten sind und wie sie
entstehen.

Der Bodenwert

Auf dem freien Markt ergibt sich der Grundstückspreis aus Angebot und Nachfrage. Je besser die Lage eines Baugrundstücks ist und je besser es nutzbar ist - kurz je attraktiver es insgesamt erscheint -, umso höher ist das Interesse potentieller Kunden und umso höher fällt in aller Regel der Kaufpreis aus. Einerseits müssen Sie sich hier immer wieder einem regelrechten Bieterwettstreit stellen, bei dem Sie bei unbedachtem Vorgehen rasch mehr zahlen, als Ihr Budget eigentlich vorsieht. Andererseits eröffnet Ihnen der freie Markt auch die Chance zu Verhandlungen, sodass Sie den Kaufpreis weniger interessanter Grundstücke gut herunterhandeln können.

Bevor Sie bei Ihrem Grundstück zugreifen, sollten Sie unbedingt einen Vergleich mit ähnlichen Grundstücken durchführen und darüber hinaus den Bodenrichtwert prüfen. So erhalten Sie ein gutes Gefühl, wie realistisch der abgerufene Kaufpreis tatsächlich ist.

Der Bodenrichtwert

Entgegen dem letztlich frei festlegbaren Kaufpreis des freien Marktes gibt der sogenannte Bodenrichtwert den nach objektiven Kriterien ermittelten tatsächlichen Wert eines Grundstücks wieder. Der Bodenrichtwert wird von der Kommune ermittelt und ausgegeben, in dessen Zuständigkeitsbereich das Grundstück liegt. Wichtige Faktoren, die in diesen Kostenkennwert einfließen, sind:

- Anbindung und Angebote der Gemeinde oder Stadt (Infrastruktur, Versorgung, Bildungsangebote etc.)

- Allgemeine Attraktivität auf dem Grundstücksmarkt (Nachfrage)

- Tatsächliche Kaufpreise der letzten Jahre

- Sonstige individuelle Faktoren

Zwar haben Sie bei privaten Verkäufern keinen Anspruch auf Anwendung des Bodenrichtwerts. Weicht ein Verkaufsangebot aber zu stark von diesem Wert ab, können Sie daran ablesen, wie weit der Kampf um die raren Bauplätze den Preis vom tatsächlichen Wert abgehend nach oben getrieben hat.

Anders sieht es bei kommunalen Verkaufsangeboten aus. Denn Städte und Gemeinden sind gesetzlich verpflichtet, ihre Baugrundstücke zum festgesetzten Bodenrichtwert zu veräußern.

Smart-Tipp: den Blickwinkel verändern

Bereits geringe Veränderungen bei der Ausrichtung Ihrer Grundstückssuche können Kaufpreis und Bodenrichtwert deutlich beeinflussen. Beziehen Sie beispielsweise anstelle der Ortschaft mit S-Bahnanschluss die naheliegende Nachbargemeinde mit ein, können beide Werte aufgrund der fehlenden Verkehrsanbindung erheblich niedriger ausfallen.

3.2 Bauen - wie und mit wem?

Ohne Planer lässt sich weder ein Haus planen, noch die Planung erfolgreich realisieren. Diesen Umstand hat auch der Gesetzgeber erkannt und einen qualifizierten Architekten oder Bauingenieur sogar als Grundvoraussetzung für die Einreichung eines Bauantrags festgeschrieben. Allerdings ist der Gang zum Architekturbüro heute nicht mehr die einzige Möglichkeit des erfolgreichen Hausbaus. Stattdessen bietet Ihnen der Markt unterschiedliche Geschäftsmodelle mit ganz eigenen Vor- und Nachteilen.

3.2.1 Das Architektenhaus

Der Gang zum Architekten gehört auch heute noch zu den gängigsten Formen des Hausbaus. Früher als "Universalgenie" bezeichnet, führt der Architekt auch heute noch durch den gesamten Bauablauf vom ersten Strich auf Papier bis zur letzten Restarbeit vor dem Einzug. Vor allem in kleineren Architekturbüros bringt die umfassende Betreuung durch eine Person eine optimale Kenntnis Ihres Projekts und eine intensive Zusammenarbeit mich sich. Je größer ein Unternehmen dagegen wird, desto eher erwachsen auch hier Schnittstellen zwischen einzelnen Abteilungen für Entwurf, Werkplanung, Ausschreibung und Bauausführung bzw. Bauleitung.

Vertragsart:

Architektenvertrag auf Grundlage der Honorarordnung für Architekten und Ingenieure HOAI. Dem Charakter nach ein Werkvertrag: Der Architekt schuldet fehlerfreies Werk als Vertragserfolg.

Planungsfreiheit:

Obwohl auch Architekten natürlich planerische Vorlieben haben und einmal bewährte technische Aus-
führungen gerne wiederverwenden, wird letztlich
jedes Haus individuell geplant und gebaut. So haben
Sie hier die größtmöglichen Freiheiten, Ihre Wunschvor-
stellungen baulich umzusetzen.

Größter Vorteil:

Der Architekt bietet Ihnen Planung, Projektsteuerung
sowie technische und finanzielle Umsetzung aus einer
Hand.

Größter Nachteil:

Durch die Bauausführung durch viele unterschiedliche
baubeteiligte Planer, Fachplaner und Handwerker besteht
bei dieser Konstellation der größte organisatorische Aufwand. Obwohl die Steuerung dieser Beziehungen Ihrem
Architekten obliegt, erwächst daraus auch für Sie ein
erhöhter Abstimmungsbedarf und Kontrollaufwand, um
den Überblick zu behalten.

3.2.2 Bauträger

Die meist als Gesellschaft agierenden Bauträger bieten
Ihnen ein umfassendes Paket an Bauleistungen aus
einer Hand an. Entweder umfasst dieses Paket alle
mit der Bauausführung befassten Themen, sodass
der Bauträger als einziges Unternehmen von Ihnen
bzw. Ihrem Architekten ausgewählt und beauftragt
wird. Dann spricht man auch vom sogenannten
Generalunternehmer (erbringt einige Leistungen
selbst und kauft die restlichen Leistungen zu).

Weit häufiger ist heute jedoch die Konstellation, dass ein Bauträger bereits die Entwurfs- und Planungsphase mit abdeckt. Dann verfügt das Unternehmen entweder über eigene Architekten oder es hat regelmäßige Geschäftsbeziehungen zu einem externen Planer für die nicht selbst erbrachten Leistungsbereiche.

Vertragsart:

Bei Beauftragung nur für die Bauausführung: Werkvertrag nach Bürgerlichem Gesetzbuch BGB oder nach Vertragsordnung für Bauleistungen VOB

Bei Kompletterstellung Ihres Gebäudes mit Grundstück, Planung und Bau: meist Kaufvertrag nach Bauträgervertragsgesetz BTVG

Planungsfreiheit:

Je nachdem, an welchem Punkt des Projektverlaufs Sie dazustoßen, haben Sie noch recht hohe oder nahezu keine Einflussnahme mehr auf die Planung. Vor allem, wenn Sie den Bauträger beauftragen, nachdem Sie selbst Ihr Baugrundstück erworben haben, bieten Ihnen die meisten Unternehmen nahezu dieselben Freiheiten wie ein Architekturbüro.

Größter Vorteil:

Durch ein umfassendes Planer- und Handwerkernetzwerk bieten Ihnen Bauträger einen straff organisierten Projektablauf und immer wieder auch spürbare Preisvorteile. Vor allem bei Kaufverträgen erhalten Sie für eine klar definierte Leistung einen Festpreis.

Größter Nachteil:

Jeder individuelle Planungswusch Ihrerseits bedeutet für den Bauträger Aufwand. Daher wird häufig versucht, etablierte Standards auch zu Lasten Ihres Planungswunsches zu verwirklichen. Dahinter steht in erster Linie die Gewinnmaximierung auf Unternehmensseite.

Als bildhaftes Beispiel erhalten Sie etwa eine klar vorgegebene Mindestausstattung an Schaltern und Steckdosen. Diese dürfen Sie zwar in aller Regel selbst positionieren, sobald Sie aber weitere Steckdosen wünschen, fallen für jedes einzelne Element über die vorgebebene Ausstattung hinaus zusätzliche Kosten an. Dieser Umstand muss kein eklatanter Nachteil sein. Sie sollten sich jedoch der im Raum stehenden Mehrkosten frühzeitig bewusst sein, um diese bereits in Ihrer Kostenplanung über einen gewissen Kostenpuffer zu berücksichtigen.

3.2.3 Fertighäuser vs. Klassischer Hausbau

Noch vor wenigen Jahrzehnten war das "Fertighaus" eher negativ belegt und vor allem mit einer unveränderlichen Raumaufteilung und einer geringen Ausführungsqualität verbunden. Man sprach auch vom sogenannten "Kataloghaus".

Dieses Image wirft das Fertighaus heute zusehends ab. Stattdessen spricht man eher vom Hausbau in Fertigteilbauweise. Üblicherweise agieren Bauunternehmen oder spezielle Fertighaushersteller in Form eines Bauträgers und bieten Ihnen alle

Leistungen einschließlich Planung und Ausführung als Gesamtpaket an. Die möglichen Bauarten reichen dabei von massiven Bauformen über Holzkonstruktionen bis hin zu gemischten Hybridbauweisen. Auch, wenn der hohe Vorfertigungsgrad der Bauteile bestimmte planerische Rahmen setzt, bieten die erfolgreichen Fertighaushersteller heute eine weitgehend individuelle Planung Ihres Gebäudes an.

Vertragsart:

Kaufvertrag nach Bauträgervertragsgesetz BTVG oder nach Bürgerlichem Gesetzbuch BGB

Planungsfreiheit:

Innerhalb vorgegebener Konstruktionsraster bieten Ihnen Fertighäuser heute eine große Planungsfreiheit. Schwierig wird es dagegen meist bei individuellen Sonderwünschen, die sich nicht im bewährten Raster unterbringen lassen.

Vorteile:

Fertighäuser nutzen bewährte und stetig weiterentwickelte technische Systeme, die Ihnen ein fehlerfreies, langlebiges und funktionales Gebäude innerhalb gängiger Entwurfs- und Ausführungspraktiken bieten.

Nachteile:

Die fixen Systeme erlauben kaum innovative Sonderplanungen und -lösungen und richten sich vor allem an Bauherren mit dem Wunsch nach bewährten Standards.

3.2.4 Alleine bauen - geht das?

Immer wieder hört und liest man davon, dass Planer unzuverlässig sind oder nur ihren eigenen Kopf durchsetzen wollen. Bauträger und Fertighausfirmen haben dagegen nur die Gewinnmaximierung im Sinn. Ist es also möglich, ein Haus komplett alleine und ohne fremde Unterstützung zu planen und zu errichten?

Abgesehen vom fehlenden Wissen und der fehlenden Erfahrung, die sich vermutlich nur schwer durch Lektüre aneignen lassen, stoßen Sie bei einem solchen Vorgehen eventuell rasch an Ihre Grenzen:

Die einzelnen Landesbauordnungen schreiben ganz klar vor, dass ein Bauantrag ausschließlich durch eine sogenannte planvorlageberechtigte Person gefertigt und eingereicht warden darf. In aller Regel ist dies ein qualifizierter Architekt oder Bauingenieur. Im weiteren Bauverlauf muss Ihre Baustelle außerdem von einem Bauleiter betreut werden, der die ordnungsgemäße Umsetzung der Genehmigung überwacht und die Einhaltung von arbeitsrechtlichen und sicherheitsrelevanten Vorgaben gewährleistet.

Eine vollständig alleinige Umsetzung ist also nicht möglich. Stattdessen können Sie aber dafür sorgen, dass Sie möglichst intensiv in die Arbeit dieser notwendigen Baubegleiter eingebunden werden. So halten letztendlich Sie die Fäden in der Hand und nicht Ihr Planer.

3.3 Trends im Hausbau - ein Überblick

Bevor Sie sich mit der konkreten Planung Ihres Traumhauses befassen, werfen Sie noch einen kurzen Blick auf einige Trends, die den Wohnhausbau der letzten Jahre beeinflussen. Vielleicht finden sich auch für Sie einige Ansätze, Ihre Wünsche, Vorstellungen und Bedürfnisse baulich zu verwirklichen.

Die Moderne

Obwohl sie eigentlich den 1920er Jahren entstammt, ist die klassische Moderne auch heute noch eine beständige Leitlinie zahlreicher Entwürfe. Klare gerade Linienführungen und eine Reduzierung auf geradezu minimalistische Formen sind die offensichtlichen Leitlinien dieses Stils. Allerdings gingen zahlreiche Detailaspekte der auch als Weimarer Moderne bekannten Stilrichtung im Laufe der Jahrzehnte verloren, sodass heute vor allem Würfelformen mit Flachdach, der Verzicht auf verspielte optische Details und ein plakativer Umgang mit klaren, meist in schwarz, grau und weiß gehaltenen Farben die wesentlichen Merkmale "moderner" Gebäude sind.

Form und Funktion

Eng mit der Moderne verbunden ist der Entwurfsansatz "form follows function", nach dem die Form eines Gebäudes oder auch eines einzelnen Bauteils sich aus seiner Funktion oder Aufgabe heraus ergibt. Die Folge ist eine sehr klare Formensprache ohne schmückende Ornamente. Andererseits führt dieser Ansatz aber auch zu einem heute weit verbreiteten Umgang mit Baumaterialien ohne kaschierende Verkleidung. Beton wird als Sichtbeton deutlich gezeigt, ebenso wie Holz oder Metall nicht versteckt oder durch verfremdende Beschichtungen angeglichen wird.

Regionale Einflüsse

Eine Art Gegenbewegung zur klassischen Moderne bilden Gebäude, die regionale Charakteristika aufgreifen. Ursprünglich entstammten diese regionalen Typologien Notwendigkeiten aus Klima, Wetter und auch dem Vorhandensein oder Fehlen bestimmter Baustoffe. Heute dienen sie dagegen vor allem dazu, ein bestimmtes Lebensgefühl zu vermitteln und ein bevorzugtes Gesamtbild zu erzeugen. Bekannt ist beispielsweise der toskanische Stil mit flachgeneigten Dächern, zahlreichen kleinen Balkonen und einem eigenen Kanon optischer Details. Aber auch die vor allem aus dem norddeutschen Raum stammenden Klinkerfassaden oder das bayrische Bauernhaus mit Holzvertäfelungen und fassadenbreitem Giebelbalkon finden sich heute immer wieder in verschiedensten Baugebieten.

Flexible Grundrisse

Bereits vor dem Jahrtausendwechsel begannen Grundrisse die früher gängigen kleinteiligen Raumfolgen aufzulösen. Allerdings zeigte sich in den letzten Jahrzehnten immer wieder, dass gerade Wohnhäuser für Familien durch eine völlig offene Bauweise viel an ihrer Nutzbarkeit einbüßen, da Rückzugsbereiche verloren gehen und individuelle Räume kaum noch möglich sind.

Stattdessen weist eine flexible Gestaltung der Grundrisse in die Zukunft des Hausbaus. Entweder erlauben Räume eine sich mit dem Wandel der Familie anpassende Nutzung, oder aber flexible Trennwände, großzügige Schiebetüren oder reversible Möbel erlauben die Wandlung von Einzelräumen zu offenen Bereichen und wieder zurück.

Materialien neu interpretieren

Beton galt seit jeher als grau, kalt, roh und unansehnlich. Was bereits in den 60er und 70er Jahren des vergangenen Jahrhunderts begann, wird heute mit zeitgemäßen technischen Möglichkeiten rasant vorangetrieben: Materialien werden aus ihrer ursprünglichen Erscheinung gerissen und ohne Verlust ihrer Materialität neu interpretiert und verwendet. Am Beispiel Beton reicht die Spanne heute von der Einfärbung über organische Formensprachen bis hin zu innovativen Ideen wie lichtdurchlässiger Beton durch den Einsatz von linear ausgerichteten Glasfasern.

Digitalisierung und Smart-Home

Dass unser Lebensumfeld immer stärker von moderner Mediennutzung und einer zunehmenden Digitalisierung eingenommen wird, ist geradezu ein alter Hut. Bereits seit geraumer Zeit ist das Smart-Home ein gängiger Begriff, der sich beim Einfamilienhaus aber nie richtig durchsetzen konnte.

Das ändert sich derzeit. Denn wo die Digitalisierung im Eigenheim in der Vergangenheit vor allem eine Spielerei war und beispielsweise das Rollladenöffnen oder Lichtanschalten via App ermöglichte, findet die Vernetzung der Gebäudetechnik heute einen neuen Fokus: Die Interaktion einzelner Technikbereiche dient vor allem dazu, Funktionen zu optimieren und noch besser abzustimmen. Das Ergebnis ist einerseits mehr Komfort, andererseits aber auch ein wesentlicher Schritt in Richtung Nachhaltigkeit. Vernetzung bedeutet heute auch, Technik vorausschauend zu steuern und den Energieverbrauch zu senken.

Nachhaltigkeit

Neben immer intelligenteren Steuerungen für immer effektivere Haustechnik ist nachhaltiges Bauen kein kurzzeitiger Trend, sondern eine langfristige Entwicklung in die Zukunft des Bauens. Recycelte Baustoffe, wiederverwendbare oder biologisch abbaubare Materialien und die Rückbesinnung auf regionale Bauweisen und Baumaterialien sind nur einige der vielfältigen Entwicklungen. Das gemeinsame Ziel ist aber immer dasselbe: Ein nachhaltiges Gebäude soll Ressourcen schonen und den ökologischen Fußabdruck minimieren. Gute nachhaltige Konzepte vermögen diese Ziele umzusetzen, ohne dabei den heute gewünschten Komfort zu vernachlässigen.

Kapitel 4

Die Planung

Kapitel 4: Die Planung

Mit der Planung gelangen Sie sicherlich in die Phase Ihres Bauvorhabens, auf die Sie sich am meisten gefreut haben und die Ihnen auch am meisten Freude bereiten wird. Denn in der Planungsphase erschaffen Sie Ihr zukünftiges Lebensumfeld und lassen es Zug um Zug von den ersten Ideen über konkrete Grundrisse bis hin zur Festlegung und Umsetzung entstehen und wachsen. Hier können Sie nicht nur kreativ sein, hier müssen Sie es sein. Denn während der Planung stehen all Ihre Vorüberlegungen, Ihre Wünsche und Vorstellungen, aber auch Ihre Bedürfnisse und Ihre absoluten Notwendigkeiten im Mittelpunkt.

4.1 Grundlagen der Gebäudeplanung

Wer seinen Hausbau angeht, hat in aller Regel noch wenig Erfahrung im Hausplanen und entwerfen. Daher helfe ich Ihnen mit einigen Basics, den Entwurfsprozess richtig anzugehen und Ihrem Planer auf Augenhöhe gegenüberzutreten. Denn nichts ist schlimmer, als ein Haus, das anstelle Ihrer Wünsche die Vorstellungen des Architekten ins Zentrum rückt.

4.1.1 Ideen entwickeln und visualisieren

Vielleicht haben Sie schon mit dem Einstieg in Ihr Bauprojekt begonnen, Ihre Vorstellungen zu sammeln und zu Papier zu bringen. In wenigen Schritten können Sie die Dinge, die Ihnen tatsächlich wichtig sind, strukturieren, prüfen und kontinuierlich zu echten Entwurfsideen weiterentwickeln.

ACHTUNG: Ja, Sie haben Recht. Eigentlich ist es die Aufgabe Ihres Architekten, Ihr Haus zu planen und zu bauen. Allerdings ist es gut, wenn Sie sich ebenfalls mit dem Ablauf des Entwerfens befassen. So verstehen Sie, was Ihr Architekt tut und erhalten die Möglichkeit, zur richtigen Zeit die richtigen Fragen zu stellen und aktiv am Entwurfsprozess zu partizipieren.

Schritt 1 - Brainstorming

Eine einfache Liste hilft Ihnen, einzelne Gedanken zu sammeln. So vergessen Sie keine wichtigen Aspekte. Nutzen Sie diese Gelegenheit, selbst isolierte Einzelaspekte, die Ihnen interessant erscheinen, aufzunehmen. Möglicherweise geben diese später den Ausschlag für oder gegen eine bestimmte Idee oder sie erweisen sich im Zusammenhang mit anderen Themen plötzlich als weiterführender roter Faden.

Gehen Sie Ihre Liste immer wieder durch und befassen Sie sich mit den schon aufgelisteten Punkten. Sehen Sie diese nach einigen Tagen oder auch Wochen noch genauso, oder hat sich Ihr Standpunkt mittlerweile verändert?

Nach dem Sammeln und Rekapitulieren Ihrer Gedanken, sollten Sie diese als Abschluss der Brainstorming-Phase sortieren. Welcher Punkt ist Ihnen für die Funktion Ihres Wohnhauses wichtig, welcher "nur" optisch? Was ist unverzichtbar, was ist wichtig und was wäre lediglich schön, wenn es in irgendeiner Form einfließen könnte? So definieren Sie Prioritäten, die Struktur und Übersicht in die stetig wachsende Fülle an Ideen und Gedanken bringen.

Schritt 2 - Räume entwickeln

Nun wagen Sie den ersten Schritt von der Ideensammlung in Richtung eines konkreten Entwurfs. Legen Sie fest, welche Räume Sie brauchen. Natürlich geht es nicht ohne Küche, Schlafzimmer und Bad. Aber wollen Sie einen separaten Arbeitsbereich? Ist Ihnen ein Hobbyraum wichtig? Das Ergebnis dieser Bemühung ist ein Raumprogramm, aus dem Sie Ihren Platzbedarf, aber auch reale Grundrisse entwickeln können.

Eine einfache, aber sehr effektive Methode hierzu ist es, für jeden Raum ein Rechteck aus Papier oder Pappe auszuschneiden und mit den Anforderungen, die Sie an diesen Raum haben, zu beschriften. Dabei darf jeder Raum vorerst gleich groß sein, damit Sie sich nicht durch unterschiedliche Größen und eine damit verbundene Gewichtung bereits in Ihrer Überlegungsfreiheit einschränken.

Schritt 3 - Vom Raum zum Grundriss

Anhand Ihrer vorbereiteten "Räume" steigen Sie nun in die Grundrissgestaltung ein. Legen Sie Ihre Räume so aus, wie Sie die Raumbeziehungen als gut erachten. Schieben Sie Räume an andere Stellen, erkennen Sie Vor- und Nachteile einzelner Raumbeziehungen und überlegen Sie, welche Konstellationen Ihnen besonders vorteilhaft erscheinen.

Erst danach sollten Sie beginnen, die einzelnen Räume mit realen Größen zu versehen. Kariertes Papier hilft Ihnen, die Raumgrößen schnell und einfach zu erfassen. Jedes Quadrat mit 2 x 2 Kästchen

(entspricht 1 x 1 Zentimeter) bedeutet einen Quadratmeter. Sehr schnell werden Sie nun erkennen, ob
sich die Räume zu einem kompakten Grundriss arrangieren lassen, oder ob möglicherweise einzelne
Bereiche wandern, auseinander- oder zusammen-
rücken müssen.

Schritt 4 - Die Visualisierung

Besonders spannend wird es, wenn Sie Ihren lang-
sam entstehenden Grundriss in die dritte Dimension
überführen. Denn nun entstehen aus Linien und
Flächen erstmals Wände und Räume und somit ein
Gebäude - Ihr Gebäude! Verschiedenste kostenlose
wie käuflich erhältliche Programme oder Apps bieten
Ihnen die Möglichkeit, mit einfachen Methoden selbst
ein dreidimensionales Gebäudemodell zu konstru-
ieren. Das Ergebnis muss keinesfalls ein fertiges
Gebäude sein. Es ermöglicht Ihnen aber, sehr schnell
die Knackpunkte Ihres Entwurfs zu erkennen. Passen
die Grundrisse übereinander? Sitzt die Treppe richtig
für alle Geschosse? Wie hoch, breit und lang wird Ihr
Wohnhaus? Verzweifeln Sie nicht, wenn Sie nicht für
alle Fragen eine geeignete Lösung finden. Dafür holen Sie sich mit Ihrem Architekten einen Profi an Ihre
Seite. Trotzdem ist Ihre Entwurfsarbeit wichtig, denn
nur Sie wissen genau, was Ihnen besonders wichtig
ist!

Vielleicht wundern Sie sich, warum Sie an dieser
Stelle keinen konkreten Tipp für ein Online-Tool oder
eine App erhalten. Ich verzichte bewusst darauf, Ihnen einzelne Programme ans Herz zu legen. Denn
einerseits unterliegen gerade die kostenfreien Programme einem raschen Wandel.

95

Vor allem aber variieren Sie stark in ihrer Komplexität. Und wo einige unter Ihnen vielleicht schnell überfordert sind oder bereits mit der Darstellung der grundlegenden Kubatur ihr Ziel erreicht sehen, wollen andere dagegen sehr detailliert und filigran einzelne Ideen übertragen und kontrollieren. Testen Sie daher am besten einige Tools und finden selbst heraus, welches das optimale Programm für Sie ist.

Smart-Tipp: Ihren Entwurf erleben mit Spielzeug

Der Markt bietet Bauherren unzählige Möglichkeiten, um ihr Haus zu planen. Von Entwurfsprogrammen über reine 3D-Tools können Sie sich dem professionellen "Werkzeugkasten" der Architekten bereits ein gutes Stück annähern. Viel schneller und einfacher gelangen Sie dagegen mit den allseits bekannten Lego-Bausteinen zum Ziel. Bauen Sie Ihren eigenen Entwurf aus den Steinen auf und verändern Sie, passen Sie an und verwerfen Sie, um noch einmal mit einer anderen Idee von vorn zu beginnen. So wächst Ihr Entwurf geradezu spielerisch und ist für Sie im wahrsten Sinne des Wortes "greifbar".

4.1.2 Der Architekt - Vorteile und Aufgaben

Heute gibt es unzählige Möglichkeiten, ein Haus zu bauen. Auch ohne Architekten an Ihrer Seite gelangen Sie auf dem einen oder anderen Weg zu Ihrem Eigenheim. Doch, obwohl sich das Ansehen der Architekten in den letzten Jahrzehnten deutlich gewandelt hat, sprechen einige gewichtige Gründe nach wie vor dafür, sich diese sachkundige Unterstützung für Ihr Bauvorhaben an Ihre Seite zu holen:

1.   Der Planverfasser

Ohne Planverfasser geht es nicht. Damit stellt der Gesetzgeber sicher, dass Ihre Planung alle rechtlichen Anforderungen und einen Mindeststandard in Sachen Qualität und Dauerhaftigkeit erfüllt. Als Planverfasser zugelassen sind Architekten, Bauingenieure und für kleinere Bauvorhaben - unter die ein kleineres Einfamilienhaus unter Umständen noch fällt -, Rohbau- und Zimmermeister sowie Bautechniker. Während Bauingenieure in aller Regel einen inhaltlichen Schwerpunkt bei der technischen Umsetzung von Bauvorhaben setzen, ist für Handwerker die Planung oft ein "notwendiges Übel", um die praktische Arbeit vorzubereiten. Der Architekt stattdessen hat genau hier eine seiner großen Stärken: Im Entwurf und in der Planung von Gebäuden.

2.   Das Universalgenie

Früher wurde ehrfurchtsvoll vom Architekten als Universalgenie gesprochen. Obwohl der Begriff heute nicht mehr zeitgemäß erscheint, gibt er dennoch das Aufgabenspektrum eines Architekten gut wieder. Entgegen aller anderer Baubeteiligter ist es die große Stärke der Architekten, vom ersten Pinselstrich bis zur letzten Fliesenfuge den gesamten Bauablauf zu überblicken und zu beherrschen. Das garantiert Ihnen einen nahtlosen Projektverlauf ohne die Schwachstellen von Übergabepunkten zwischen einzelnen Planern.

3. Der Treuhänder ohne wirtschaftliche Verstrickungen

Natürlich haben die meisten Architekten einen mehr oder weniger festen Kreis an Handwerkern, die sie immer wieder bei Ausschreibungen anfragen. Der Vorteil hierbei ist eine hohe Kenntnis der gegenseitigen Stärken und damit ein besserer, harmonischerer Bauablauf. Im Gegensatz zu Bauträgern, die mit der Planung immer auch eine Gewinnerzielungsabsicht für die nachfolgenden Bauleistungen verfolgen, bestehen beim Architekten dagegen keine ökonomischen Kontakte zu den ausführenden Unternehmen.

Allerdings sollten Sie wissen, dass die Honorarordnung für Architekten und Ingenieure die Ermittlung des Honorars nach der Bausumme Ihres Bauvorhabens vorschreibt. Auch, wenn ein Architekt keine unmittelbaren Verbindungen zu den Unternehmen hat, profitiert er doch zumindest in einem gewissen Rahmen davon, wenn Ihr Gebäude etwas kostenintensiver ausfällt.

Smart-Tipp: Erfolgsprämien

Vereinbaren Sie mit Ihrem Architekten eine Prämie zum Honorar, wenn er bestimmte gemeinsam festgelegte Kostenrahmen einhält oder sogar unterschreitet. So erhält er einen zusätzlichen Anreiz, Ihr Budget zu schonen. Gleichzeitig wird ein niedrigeres Honorar aufgrund einer niedrigeren Bausumme ausgeglichen und die Motivation, Ihre Ziele zu erfüllen, dürfte nochmals wachsen.

Den "richtigen" Architekten finden

Bevor Sie nun einige Tipps für die Suche nach dem Architekten Ihres Vertrauens erhalten, sei an dieser Stelle eines gesagt: Den einen "richtigen" Planer gibt es wohl kaum. Wie alle Menschen haben auch Architekten Stärken und Schwächen sowie Neigungen oder Vorlieben für bestimmte Themen. Daher ist Ihre Aufgabe, aus der Masse an Planern die Person zu finden, die mit Ihren Ansichten am besten harmoniert.

Die Sympathie

Seien Sie sich dessen bewusst, dass Sie mit Ihrem Architekten über viele Monate hinweg engen Kontakt pflegen werden. Die absolute Grundvoraussetzung ist daher ein Mindestmaß an Sympathie. Denn kann Ihr Haus gut gelingen, wenn Sie Termine ungern wahrnehmen oder sich bei Besprechungen nicht wohl fühlen?

Die Sachkunde

Überzeugen Sie sich, dass ein möglicher Planer über die nötigen Kenntnisse und Erfahrungen verfügt, um Ihr Wohnhaus gut umzusetzen. Jeder Architekt verfügt durch seine Ausbildung über die theoretischen Kenntnisse. Wer aber beispielsweise bevorzugt Industriehallen baut, wird sich mit Ihrem Wohnhaus an der einen oder anderen Stelle eventuell schwertun.

Schauen Sie sich daher bereits gebaute Objekte eines Planers an oder fragen Sie gezielt nach vergleichbaren Referenzen.

Der Geschmack

Auch Architektur folgt zu gewissen Teilen der Mode sowie dem individuellen Geschmack. Schauen Sie sich gebaute Beispiele eines infrage kommenden Architekten an und prüfen Sie, ob Ihnen die grundsätzliche Formen- und Gestaltungssprache zusagt. Weichen die Haltungen zu weit ab, werden Sie absehbar harte Kämpfe ausfechten müssen, um Ihre Wünsche real werden zu lassen.

4.1.3 Gut vorbereitet ins Architektengespräch

Am einfachsten wäre es, Ihnen an dieser Stelle eine umfangreiche Liste mit auf Ihren Weg in Ihr erstes Architektengespräch zu geben. Allerdings können Sie sicher sein, dass Sie diese entweder wegen des Umfangs rasch beiseitelegen, oder es fehlen aber genau die Punkte, die im weiteren Verlauf bei genau Ihrem individuellen Vorhaben wichtig wären.

Daher finden Sie hier genau die Fragen, die Ihnen ein guter Architekt auch stellen wird, um herauszufinden, worauf es bei Ihrem neuen Eigenheim ankommt:

-       Wie wohnen Sie im Moment?

-       Was gefällt Ihnen an Ihrer Wohnsituation besonders gut?

-       Was würden Sie an Ihrer Wohnsituation gerne ändern?

-       Wie sieht Ihr Alltag mit Familie, Beruf, Hobbies etc. aus?

- Wie sieht Ihre Freizeitgestaltung beispielsweise am Wochenende aus?

- Welchen Lebensbereichen messen Sie besonders viel bzw. besonders wenig Bedeutung zu?

- Haben Sie gerne Gäste?

- Weitere Fragen zum Alltag, zum Tagesablauf und zu allgemeinen Themen des Wohnens

All diese Fragen dienen dazu, Ihre Grundhaltung zu Wohnen und Wohngebäuden sowie Ihre Bedürfnisse zu ermitteln. Auf Basis Ihrer Antworten kann ein Planer dann erste Überlegungen zu Gebäude- und Raumkonzepten entwickeln und Ihnen vorstellen.

Im weiteren Verlauf kommen mit Fortschreiten des Planungsprozesses noch unzählige weitere Fragerunden auf Sie zu. Weitere Themenblöcke sind:

- Ihre Einstellung zu bestimmten Räumen

- Gestalterische Wünsche und Ideale

- Ihre Haltung zu Bauweisen und Haustechnik, Informationstechnologie und Nachhaltigkeit

- Außenanlagen und Grünflächen

Smart-Tipp: vorausschauend agieren

Fragen Sie Ihren Architekten am Ende jeder Besprechung, welche Themen beim nächsten Termin wichtig werden. Dann können Sie sich vorbereiten und bei Bedarf die nötigen Informationen abfragen.

4.1.4 Der rechtliche Rahmen der entwerferischen Freiheit

Bestimmt ist Ihnen ohnehin bereits klar, dass es leider nicht möglich ist, völlig losgelöst von rechtlichen Vorgaben ein Haus zu planen und zu errichten. Das Wissen um die jeweiligen Rechtsgebiete hilft Ihnen, frühzeitig mögliche rechtliche Limitierungen und Handlungsspielräume in Ihre Überlegungen einzubeziehen:

Das Bauplanungsrecht

Das bundesweit einheitliche Bauplanungsrecht regelt vereinfacht gesagt, wo Sie was in welcher Größe bauen dürfen. Man spricht auch von "Art und Maß der baulichen Nutzung". Entweder regelt ein qualifizierter Bebauungsplan detailgenau die Grenzen der Bebaubarkeit eines Grundstücks. Fehlt dieser dagegen, bildet die umgebende Bebauung den Rahmen Ihrer Möglichkeiten. Die Grundlage des Bauplanungsrechts bildet das Baugesetzbuch BauGB.

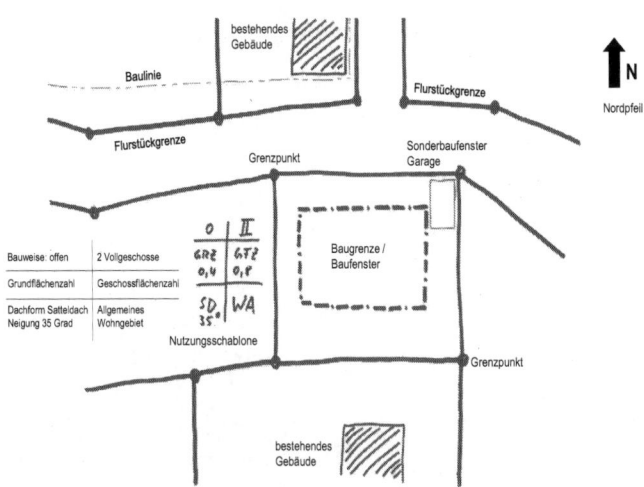

Das Bauordnungsrecht

Das Bauordnungsrecht regelt über die länderspezifischen Landesbauordnungen LBO und eine Vielzahl dazugehörender Verwaltungsvorschriften und Verordnungen, wie gebaut werden muss. Dazu zählen einerseits die sogenannten "Örtlichen Bauvorschriften", die den Inhalt eines Bebauungsplans um gestalterische Vorgaben, also etwa Angaben zu Dachform, Dachneigung, Freiflächengestaltung etc., ergänzen kann. Darüber hinaus regelt die anzuwendende LBO des Landes aber auch:

- Mindestanforderungen an Wohnräume und Wohnungen

- Die Sicherstellung des Brandschutzes

- Vorgaben zur Barrierefreiheit

- Anzahl und Ausbildung von Stellplätzen

- Technische Mindeststandards zu technischen Einrichtungen wie Lüftungsanlagen und Heizungen

- Sonstige ausführungsbezogene Details mit Schutzcharakter

Sonstige Rechtsbereiche

Neben den echten baurechtlichen Themenfeldern Bauplanungs- und Bauordnungsrecht können noch viele weitere Rechtsbereiche gewisse Einschränkungen für Ihre Planungsideen bedeuten. Typische Fachgebiete sind:

- Der Naturschutz, z.B. bei Rodungsmaßnahmen, Themen des Artenschutzes, Baumaßnahmen außerhalb geschlossener Ortschaften

- Das Wasserrecht, z.B. bei Baumaßnahmen in Wasserschutz- oder in Überschwemmungsgebieten

- Der Bodenschutz, z.B. in Wasserschutzgebieten, bei Verdachtsflächen auf Altlasten oder bei geplanten Geothermiebohrungen, Versickerungen etc.

- Der Denkmalschutz, z.B. bei Baumaßnahmen in archäologischen Verdachtsflächen

- Die Gewerbeaufsicht, z.B. bei Lärm durch Außengeräte wie Klimaanlagen, Wärmepumpen etc.

Smart-Tipp: fragen und beraten lassen

Nehmen Sie Kontakt zu Ihrer zuständigen Baurechtsbehörde auf, sobald ein erster Entwurf erstellt wurde. Die meisten Behörden werfen gerne einen ersten Blick darauf und geben Hinweise zu berührten Rechtsbereichen und möglichen Problemstellungen.

4.2 Die Planung

Sie wissen bereits, wie ein Entwurfsprozess abläuft und welche Rahmenbedingungen Ihre gestalterischen Freiheiten einschränken. Was Ihnen noch fehlt, sind inhaltliche Denkanstöße, um Ihre Ideen in baulich umsetzbare Formen zu fassen.

4.2.1 Begriffe und Basics

Am Bau herrscht wie in vielen anderen Fachgebieten auch eine teils sehr eigene Sprache. Sie müssen als Bauherren nicht jeden technischen Fachbegriff kennen. Allerdings hilft Ihnen das Wissen um die grundlegenden Fachausdrücke, Ihrem Architekten sowie den anderen Fachplanern souverän gegenüberzutreten.

Grundriss - einer Landkarte vergleichbare Darstellung von Räumen, Türen und Fenstern, Einbauten und Möblierung, horizontaler Schnitt durch das Gebäude mit Schnitthöhe 1,00 m über Fußboden und Blickrichtung nach unten

Schnitt - vertikaler Schnitt durch das Gebäude mit Darstellung der Höhenentwicklung sowie relevanten Bauteilen (z.B. Treppe, Dachaufbau, Lichtschächte bzw. Tiefhöfe etc.)

Ansichten - Seitliche Außenansicht Ihres Gebäudes mit Darstellung von Fassade, Fenster und Türen, Außenanlagen, ggf. Farbkonzept etc., sortiert nach Himmelsrichtungen

Maßstab - gibt an, wie stark die Planzeichnungen gegenüber dem Original verkleinert sind, für Entwurfspläne üblicherweise 1:100, also 1 Meter in Realität entspricht 1/100 Meter = 1 Zentimeter im Plan

Lageplan - Übersicht des Grundstücks im Maßstab 1:500 mit Darstellung Ihres Neubaus, der umgebenden Bebauung, Verkehrsflächen und Versorgungsleitungen

Abstandsflächenplan - Nachweis über die Einhaltung erforderlicher Gebäudeabstände (Brandschutz, Belichtung etc.) zu anderen Häusern oder der Grundstücksgrenze auf Grundlage des Lageplans

Nordpfeil - gibt auf den Planzeichnungen die Himmelsrichtung Norden an und dient der Orientierung

Kubatur - Bauvolumen einschließlich Wänden und Dachaufbau, gemessen ab Unterkante der Bodenplatte

Grundfläche - insgesamt durch das Gebäude belegte Fläche einschließlich Flächen für Wände, Treppen und sonstige baukonstruktive Elemente

Wohn- / Nutzfläche - Tatsächlich nutzbare Fläche nach Abzug aller konstruktiver Bauteile wie etwa Wände, Stützen, Treppen, Schornsteine, Installationsschächte, Lufträume etc.

Geschossfläche - Gesamtsumme aller Flächen übereinanderliegender Geschosse, entweder als Brutto- (mit Bauteilen) oder Netto- (nutzbare) Flächen

Baufenster - im Bebauungsplan ausgewiesener Bereich eines Grundstücks, in dem Bauwerke errichtet werden dürfen

Baugrenze - Begrenzungslinie im Bebauungsplan, die mit Bauwerken in eine vorgegebene Richtung nicht überschritten werden darf

Baulinie - verbindliche Linie, an der ein Gebäude ausgerichtet werden muss, z.b. üblich zur Herstellung durchgängiger Straßenfluchten

Erschließung - Alle Maßnahmen, durch die Ihr Grundstück überhaupt nutzbar wird: Straßenanbindung, Wasser- / Abwasserleitungen, Strom- / Gas- / Telefonanbindung

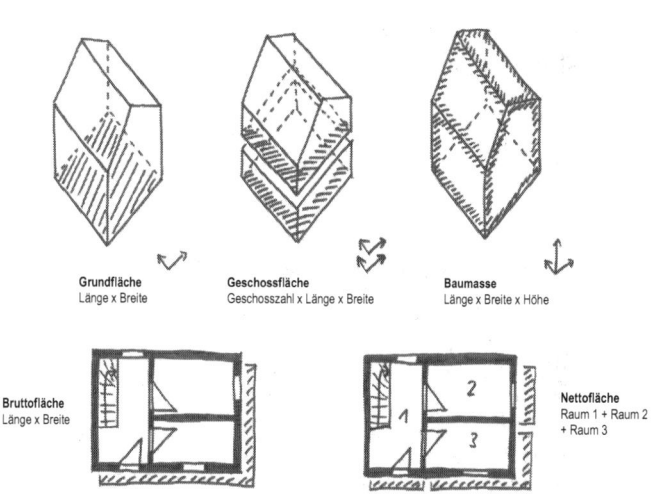

Grundfläche
Länge x Breite

Geschossfläche
Geschosszahl x Länge x Breite

Baumasse
Länge x Breite x Höhe

Bruttofläche
Länge x Breite

Nettofläche
Raum 1 + Raum 2 + Raum 3

Natürlich gibt es eine unüberschaubare Fülle weiterer Fachbegriffe zu unterschiedlichsten Themenfeldern. Mit diesen Grundbegriffen zur Bebauung und zum allgemeinen Verständnis einer Planung können Sie jedoch sicher in Ihr erstes Gespräch starten.

Smart-Tipp: verstehen und mitreden

Führen Sie auch zu unklaren Begriffen, Formulierungen oder Zusammenhängen eine Liste und fragen Sie Ihren Architekten im nächsten Gespräch gezielt dazu an. Denn nur, was Sie verstehen, können Sie mitentscheiden.

4.2.2 Wichtige Fragen zum Einstieg in den Entwurf

Abseits der bereits angerissenen Raumaufteilung und der Festlegung der Raumbezüge eignen sich als zweiter Einstieg in den Gebäudeentwurf einige grundlegende Fragen zu Größe, Form und Ausbildung einzelner Details. Diese Fragen lassen sich nicht plakativ mit Ja oder Nein beziehungsweise Richtig oder Falsch beantworten. Stattdessen sollen sie zum Nachdenken anregen und mit einigen Hinweisen zu möglichen Antworten wichtige Denkanstöße und auch Entscheidungshilfen liefern.

Wie viel Haus muss sein?

Ihren eigentlichen Wohnflächenbedarf ermitteln Sie aus den Räumen, die Sie festlegen. Um daraus die echte Hausgröße zu ermitteln, können Sie rund 20 % der Wohnfläche nochmals als sogenannte Konstruktionsfläche hinzugeben. Je nach Geschosszahl ergibt sich aus dieser Bruttofläche dann die nötige Grundfläche und die Gebäudehöhe. Gehen Sie je Geschoss von einer Höhe von rund 3 m aus, um ein erstes Gefühl für das entstehende Volumen zu bekommen.

Wie viele Geschosse müssen sein?

Ganz typisch ist der Aufbau eines Einfamilienhauses aus Keller mit Haustechnik und Nebenräumen, Erdgeschoss mit Küche und Wohnräumen und Obergeschoss mit Bad, Schlaf- und Kinderzimmern. In die Höhe zu bauen spart wertvolle Grundstücksfläche. Allerdings nimmt der Erschließungsaufwand deutlich zu. Vor allem Barrierefreiheit lässt sich mit steigender Geschosszahl nur noch schwer herstellen.

Keller oder nicht?

Ein Keller schafft Nutzfläche für Technik, Abstellräume und Hauswirtschaft, ohne zusätzliche Grundstücksfläche zu verbrauchen. Allerdings kostet das Bauen in die Tiefe Geld, da mit Erddruck und Erdfeuchte, mitunter sogar mit Grundwasser umgegangen werden muss.

Dieser Aufwand sinkt mit zunehmender Neigung des Grundstücks, da der Keller teilweise aus dem Boden schauen und so ganz neue Nutzungsmöglichkeiten eröffnen kann. Ein Hanggeschoss als Hybrid aus Keller und Wohngeschoss kann bei stark geneigten Grundstücken eine sinnvolle Lösung sein. Bei besonders starken Hanglagen kann unter Umständen auch eine Teilunterkellerung lohnen, da Sie einerseits Aushub in der Tiefe des Hanges sparen, andererseits eine talseitig ohnehin erforderliche Anhebung des Baugrunds baulich nutzbar machen.

Aber **Achtung**: Immer wieder liest man von Teilunterkellerungen als Kostensparer. Natürlich spart jeder Quadratmeter Wand und Decke Geld durch entfallenden Aushub, Beton und Ausbau. Auf ebenen Grundstücken erzielen Sie damit aber nie die erhofften Kostensenkungen, da die Vorhaltung der erforderlichen Geräte, die Organisation der Erdabfuhr und viele anderer Dinge rund um den Keller ohnehin vollständig anfallen und bezahlt werden müssen - unabhängig ob Sie nun die halbe oder auch die gesamte Hausgrundfläche unterkellern!

Kompakt, langgestreckt oder Winkel - Welcher Grundriss macht Sinn?

Pauschal lässt sich keine Aussage zum "optimalen" Grundriss machen. Mitentscheidend sind das Grundstück und die geplante innere Aufteilung. Je langgezogener ein Grundriss wird, desto größer ist der Bedarf an Erschließungsflächen. Typisch für Winkelgrundrisse ist die Erschließung im Bereich des Knicks, wo Außenwand- und Fensterflächen in Relation zur Fläche spärlich vorhanden sind. Je kompakter ein Grundriss ausfällt, desto wichtiger sind

Erschließung und Nebenräume in der Gebäudemitte, um die knappen Belichtungsmöglichkeiten für die hochwertigen Wohnräume zu nutzen.

Glasfront versus Lochfassade - Was ist wo richtig?

Der Trend geht seit Jahrzehnten zu mehr und mehr Glas. Bedenken Sie allerdings, dass Fenster bei starker Besonnung rasch verschattet werden müssen, um zu intensive Helligkeit und Überhitzung im Innenraum zu verhindern. Klassische Lochfassaden mit einzelnen Fenstern bieten für die meisten Raumnutzungen eine gute Kombination aus Belichtung, einfachen Verschattungsmöglichkeiten und verbleibenden Wandflächen für eine sinnvolle Möblierung. Glasfronten eignen sich dagegen vor allem für Akzente wie etwa das Treppenhaus, den Windfang oder auch räumlich begrenzte Eyecatcher im Wohnbereich.

Wieviel Stauraum muss sein?

Die Erfahrung zeigt, dass man nie genug Abstellräume, Kellerräume oder auch Hauswirtschaftsflächen haben kann. Selbst bei großen Gebäuden macht es allerdings keinen Sinn, beispielsweise das gesamte Kellergeschoss als Staufläche vorzusehen. Denn viele Dinge wollen Sie nicht immer wieder aufs Neue in den Keller räumen. Besonders sinnvoll zeigen sich daher meist Kombinationen aus Kellerräumen im Untergeschoss und Abstellmöglichkeiten je Geschoss sowie im Außenbereich mit Gartenbezug. Sollten Sie dagegen komplett auf ein Kellergeschoss verzichten, empfiehlt sich eine großzügige Dimensionierung von anderweitigem Stauraum, da ein echter gleichwertiger Ersatz auf den Wohngeschossen nur sehr schwer realisierbar ist.

Smart-Tipp: Abstellflächen vorplanen

Gerade wenn Ihre Familienplanung noch nicht abgeschlossen ist, unterschätzen Sie eventuell schnell die tatsächlich notwendigen Flächen. Informieren Sie sich bei Freunden und Bekannten und nutzen Sie Ihre eigenen Erfahrungen, um eine möglichst vollständige Liste aller Lagerdinge einschließlich des optimalen Lagerorts als Grundlage Ihrer Planungsüberlegungen zu erstellen.

Welche Dachform ist die Richtige?

Häufig wird die Dachform von einem bestehenden Bebauungsplan vorgegeben. Ist das nicht der Fall, bieten geneigte Dächer wie etwa Sattel- oder Pultdächer eine gute Möglichkeit, große Bauvolumen ohne einen zu dominanten Gesamteindruck zu realisieren. Andererseits bedeuten Dachschrägen immer auch erschwerte Raumnutzungen im Inneren Ihres Hauses. Besonders ökonomisch sind kompakte Baukörper mit Flachdach. Ergänzt um eine Dachbegrünung oder auch eine photovoltaische oder solarthermische Anlage, lässt sich durch die grundsätzlich sehr schlichte bis sogar trostlose Fläche des Flachdachs ein echter Mehrwehrt erzielen.

Sollte Ihr Gestaltungsspielraum dagegen auf geneigte Dächer beschränkt sein, behalten Sie Dachaufbauten wie Dachgauben, Quergiebel oder auch Dachbalkone im Hinterkopf, um gestalterische Akzente mit echten Mehrwerten für die Nutzung zu verbinden.

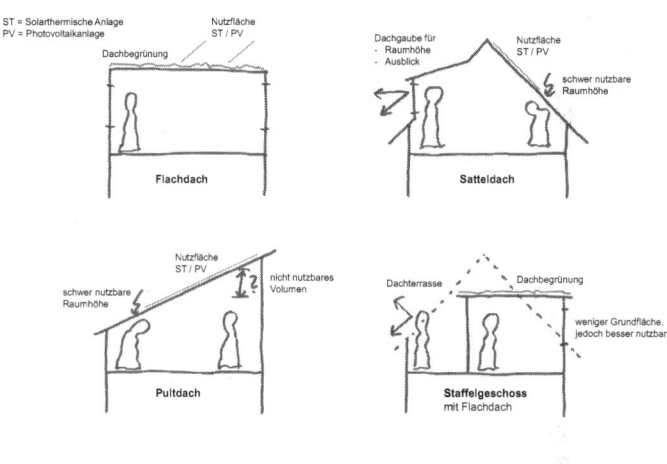

Lohnt ein Wintergarten?

Echte Wintergärten für die Haltung von Pflanzen in geschützter Umgebung sind in zeitgemäßen Wohnhäusern nur noch sehr selten zu finden. In den allermeisten Fällen werden Wohnraumerweiterungen an Bestandsgebäuden aufgrund rechtlicher Vorteile bei der Genehmigungsfähigkeit als Wintergarten bezeichnet.

Da Wintergärten genauso wie alle anderen Wohnräume mit großen Fensterflächen mit den Problemen
rund um Belichtung und Sonnenschutz zu kämpfen
haben, lohnt ihre Planung nur dann, wenn sie auch
tatsächlich für Pflanzen erwünscht sind. Andernfalls
bietet der Neubau bessere Möglichkeiten, wenn Sie
die vorgesehene Fläche direkt und ohne Umweg über
das Deckblatt des Wintergartens Ihren Wohnräumen
zuschlagen.

Wie bereits mehrfach im Verlauf dieses Ratgebers er-
lebt, ließe sich auch diese Liste nahezu endlos wei-
terführen. Nachdem Sie nun aber einige generelle
Fragen rund um den Entwurf kennengelernt haben,
finden Sie weitere Anregungen und Tipps zur Planung
von Räumen, Raumfolgen und Funktionsbereichen in
den folgenden Kapiteln.

Der Luftraum - sinnvoll oder unpraktisch?

Volumen, das nicht durch Wände oder Decken be-
grenzt ist, schafft ein Gefühl von Offenheit und Größe.
Daher sind Lufträume, die beispielsweise den Wohn-
Ess-Bereich mit dem Obergeschoss verbinden, sehr
beliebt. In der Tat schaffen sie Bezüge zwischen
einzelnen Gebäudeteilen und verbinden somit trotz
räumlicher Trennung Bereiche oder auch Räume ef-
fektvoll. Andererseits bedeutet ein Luftraum immer
auch weitergetragenen Schall, Gerüche und natürlich
auch Blicke. Da es hierzu keine Musterlösung gibt,
bleibt Ihnen die Aufgabe, ein offenes Wohngefühl gegen Privatsphäre, Schallschutz und die Abtrennung
intimerer Räume abzuwägen. Stellen Sie sich als
Ausgangslage einfach einmal einen typischen Wo-
chenablauf vor. Wie und wie oft profitieren Sie von

einem Luftraum? Wie häufig fühlen Sie oder Ihre Kinder sich von Lärm und Essensgerüchen aus dem Erdgeschoss in Schlaf- oder Kinderzimmern gestört?

Smart-Tipp: Alternativen

Verwerfen Sie alternative Ideen trotz größter Präferenzen für eine Lösung nicht frühzeitig. Denn im Planungsverlauf kann eine eigentlich wenig geliebte Lösung auf einmal deutliche Vorteile entwickeln. Andererseits kann Ihnen eine "So nicht"-Variante helfen, sich Ihrer Entscheidung zu Ihrem bevorzugten Entwurf noch bewusster und sicherer zu werden.

4.3 Räume und Bereiche

Neben der Entscheidung, welche Räume und Zimmer Sie in Ihrem Haus brauchen oder auch wollen, spielt die Funktion dieser einzelnen Bereiche eine ganz wesentliche Rolle. Denn jeder Mensch nutzt bestimmte Räume anders oder misst ihnen einen anderen Stellenwert bei. Das wirkt sich unmittelbar darauf aus, wie Räume selbst geplant werden und in welcher Beziehung sie zueinanderstehen.

Nutzen Sie die folgenden Informationen und Anregungen, um sich selbst Ihre eigene Meinung über die einzelnen Zimmer oder Bereiche sowie deren Funktion und Anordnung in Ihrem individuellen Grundriss zu bilden.

Smart-Tipp: Räume "begreifen"

Nutzen Sie auch bei der Festlegung von Raumbezügen die bereits aus dem Entwurfseinstieg bekannten Papier- oder Kartonkärtchen. Diese lassen sich beliebig arrangieren und verändern; sie zeigen Ihnen auf den ersten Blick, welche Auswirkungen bestimme Raumbeziehungen und -anordnungen auf andere Bezüge und Arrangements haben.

Für jeden Raum die "richtige Richtung"

Bevor Sie sich nun einzelne Räume und Raumtypen im Detail anschauen, sollten Sie einen kurzen allgemeinen Gedanken auf die Ausrichtung Ihres Hauses und insbesondere der einzelnen Räume verwenden. Natürlich wird Ihr Grundstück nicht immer so zugeschnitten sein, dass Ihr Haus die optimale Ausrichtung erfährt. Und auch einzelne Räume können eventuell nicht immer ideal positioniert werden, da das Grundstück es nicht erlaubt oder aber andere Räume denselben Platz mit einer höheren Priorität beanspruchen.

Allerdings hilft Ihnen das Wissen um typische, häufig als vorteilhaft empfundene, Himmelsrichtungen für die jeweilige Raumnutzung. Vergessen Sie jedoch nicht, diese Informationen mit Ihren eigenen Wünschen und auch Lebenserfahrungen abzugleichen und im Einzelfall anzupassen oder sogar zu revidieren!

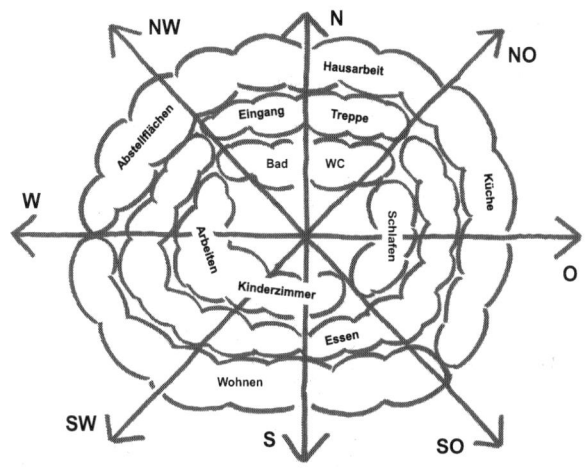

4.3.1 Das Wohn- und Esszimmer

Aufgabe:

- Zentraler Lebensbereich der Familie
- Essbereich als Ort familiärer Essen sowie als Treffpunkt der Familie für verschiedenste Aktivitäten, häufig auch Ort zum Empfang von Gästen
- Wohnzimmer vor allem als Ort für geselliges Beisammensein, zur Nutzung von Unterhaltungsmedien, immer wieder aber auch gegenüber Essbereich ruhigerer Rückzugsbereich mit introvertierterem Charakter

Typische Größen:

- Bei gemeinsamem Wohn- / Essbereich Mindestgröße rund 35 m²
- Bei getrennten Bereichen jeweils mindestens rund 20 m² sinnvoll

Mögliche Zuordnungen:

- Zentrale Lage, meist im Erdgeschoss
- Essbereich unmittelbar im Bezug zur Küche, Wohnbereich meist wegen Lärm, Gerüchen etc. küchenabgewandt
- Wohn- oder Essbereich mit Außenbezug zu Terrasse oder Balkon sinnvoll

Ausrichtung:

- Meist Süden bis Westen für Sonne an Nachmittag und Abend

Planungstipps:

Beim Wohn- und Essbereich spielt für die Planung Ihre Grundhaltung zur Tagesgestaltung bzw. Ihre Art der Lebensführung eine ganz wesentliche Rolle. Denn während die eine Familie Essen und "Leben" strikt trennt und somit das Wohnzimmer als Zentrum des Familienlebens sieht, dreht sich bei anderen Familien der Tagesablauf sehr stark um den großzügigen Esstisch als Ort für Mahlzeiten, Treffen, Unterhaltungen, Hausaufgaben, Basteln, Spieleabende und vieles mehr. Je nachdem fällt auch die räumliche Gewichtung der beiden Bereiche unterschiedlich aus. Trotzdem werden beide Bereiche in aller Regel in eine enge Verbindung gesetzt.

- Eine direkte Zuordnung des Essbereichs zur Küche ermöglicht die Nutzung des Esstisches als erweiterte Küchenarbeitsfläche und hält Wege zwischen Zubereitungs- und Essplatz sowie Essplatz und Spülbereich kurz.

- Liegt der Zugang zur Terrasse im Essbereich, werden Wege beim Essen im Freien sowie einer Nutzung als erweiterter Innenraum kurzgehalten.

- Ein zentral positionierter Essbereich kann als Verteiler zwischen Flur / Eingang, Küche, Wohnen und Terrasse fungieren, ohne den privateren Wohnbereich hierdurch zu stören.

- Je weiter der Wohnbereich von Flur und Küche entfernt ist, umso besser werden Lärm, Essensgerüche und der "alltägliche Trubel" ferngehalten.

- Ein introvertierterer Charakter des Wohnbereiches mit durchdacht platzierten und flächenmäßig begrenzten Fenstern ermöglicht die TV- und Mediennutzung auch ohne den zwingenden Bedarf einer Verschattung.

- Flexible Abtrennungsmöglichkeiten wie eine Faltwand oder eine überbreite Schiebetüre zwischen Wohnen und Essen schafft Flexibilität und ermöglicht die Nutzung als großen Gemeinschaftsraum oder als abgetrennte individuelle Einzelnutzungen.

Smart-Tipp: Räume trennen, Stärken fördern

Muss Wohnen und Essen immer miteinander in Verbindung stehen? Möglicherweise bietet es für Ihren Lebensstil auch Vorteile, den Essbereich als großzügigen "Lebensbereich" mit Bezügen zu Küche und Terrasse zu gestalten, während das Wohnzimmer als intimer Rückzugsbereich separat und möglicherweise sogar im Ober- oder Dachgeschoss einen geeigneten Ort findet. So vermeiden Sie Kompromisse zwischen den unterschiedlichen Gewichtungen von Wohnen und Essen und schaffen im Erdgeschoss weitere Flächen, die Sie beispielsweise für einen zentralen Hauswirtschaftsraum in Küchennähe verwenden können.

4.3.2 Die Küche

Aufgabe:

- Zubereitung von Nahrungsmitteln
- Häufig Lagerung des unmittelbaren Lebensmittelbedarfs
- Als Wohnküche Ort für Essen im kleineren Rahmen, z.B. wochentägliches Frühstück mit den Kindern, Kaffee im kleinen Kreis etc.
- Als Wohnküche: häufig zentraler Dreh- und Angelpunkt der täglichen Abläufe und des alltäglichen Familienlebens
- Als offene Küche teilweise repräsentative Funktion im Raumgefüge Wohnen/ Essen/ Küche

Typische Größen:

- Reine Funktionsküchen: mind. 12 bis 15 m²
- offene Küchen mit Anbindung an Essbereich: wegen entfallender Trennwand als Möblierungsfläche meist größer, um 18 bis 20 m²

Mögliche Zuordnungen:

- Nähe zum Haupt- oder Nebeneingang, idealerweise auch zu Garage bzw. Stellplatz wegen Transport von Einkäufen
- Platzierung am Essbereich für kurze Wege für Speisen, Geschirr etc.
- Direkte Zuordnung eines Abstellraumes als Speisekammer sinnvoll
- Nähe zu Hauswirtschaftsbereich technisch sinnvoll für gemeinsame Installation

Ausrichtung:

- Alle Ausrichtungen möglich, da kein Aufenthaltsraum
- Üblicherweise jedoch Nordwesten - Norden - Osten, um wertvollere Belichtungsrichtungen für Aufenthaltsräume zu erhalten

Planungstipps:

- Geradezu traditionell und auch heute noch
  sinnvoll ist die Festlegung der Küche
  mit Blick zum Zuweg bzw. in
  Richtung Straße. So werden die aus
  der Shule heimkehrenden Kinder gesehen,
  Besucher frühzeitig wahrgenommen
  oder Fremde vor dem Erreichen der Haustür
  erkannt. Zudem bleibt die "wertvollere"
  Gartenseite den hochwertigeren
  Aufenthaltsbereichen vorbehalten.

- Alternativ kann eine Positionierung mit Blick
  zum eigenen Garten die Küchennutzung gut
  mit der Aufsicht über Kinder und Hund
  verbinden, sowie die alltägliche
  Essenszubereitung um angenehme
  Ausblicke ergänzen.

- Ein direkter Zugang vom Flur ermöglicht den
  Transport von Einkäufen sowie Bewegungen
  in die bzw. aus der Küche ohne störende
  Umwege über Wohn- oder Essbereich.

- Ursprünglich aus der Landwirtschaft bekannt,
  aber auch für moderne funktional optimierte
  Einfamilienhäuser sinnvoll, ist die Kombination von Küche und Hauswirtschaftsraum zu
  einer funktionalen Einheit. Nebeneinanderlie-
  gend orientiert sich die Küche zum Essbereich,
  profitiert aber vom Hauswirtschaftsraum mit
  Außenzugang als Schmutzschleuse und
  kurzem Zugang für Einkäufe etc. Idealerweise wird zwischen beiden Räumen die
  Speisekammer positioniert und übernimmt
  somit die räumlichen Vorteile.

- Die Lage des Herdes an der
  Gebäudeaußenwand ermöglicht den
  unsichtbaren Einbau einer
  Abluft-Umzugshaube ohne störend
  sichtbare Abluftkanäle.

- Überbreite Schiebetüren zwischen Küche
  und Essbereich ermöglichen eine erwünschte
  offene Raumfolge, ermöglichen aber zugleich
  die rasche Abtrennung und Nutzung als klassische Arbeitsküche. Durch die Übergröße
  wird der Weg zwischen den Räumen auch
  mit Töpfen und Geschirr nicht behindert. Im
  Bedarfsfall können Sie so im Handumdrehen
  Essensgerüche, schmutziges Geschirr und
  die laufende Spülmaschine aus einem ansonsten offenen Ess-Kochbereich verbannen.

- Gerade bei einer Schiebetür zum
  Essbereich lohnt die frühzeitige Information
  an Ihren Planer. Inwandsysteme
  lassen das Türblatt in der Wand zwischen
  Esszimmer und Küche verschwinden,
  sodass beidseitig nutzbare Wandfläche
  entsteht. Allerdings muss ein solches
  Element bereits im Rohbau bekannt sein
  und vorgesehen werden.

- Ein Tresen mit Barhockern ergänzt die
  Küche um eine unmittelbare kommunikative
  Komponente. Während der Küchenarbeit
  können Sie so beispielsweise die
  Kinder bei den Hausaufgaben
  beaufsichtigen, oder aber im kleinen
  Kreis mit geringem Aufwand
  eine rasche Mahlzeit einnehmen.

Smart-Tipp: offene Küchen besser nutzen

Freistehende Küchenblöcke wirken edel, bieten funktionale Vorteile und schaffen eine natürliche Verbindung von Küche und Wohnbereich. Ergänzen Sie in eine repräsentative Küche mit zentralem Küchenblock einen abtrennbaren Bereich mit Spülbecken und Spülmaschine, ähnlich einem begehbaren Kleiderschrank. So lassen Sie weniger attraktive Aufgaben der Küche bei Bedarf durch eine Schiebetür verschwinden und Ihr eigentlicher Küchenbereich bleibt auch bei Besuch ansehnlich und attraktiv.

4.3.3 Die Kinderzimmer

Aufgabe:

- Wohn- und Schlafbereich der Kinder, heute üblicherweise je Kind ein eigenes Zimmer
- Im Kleinkindalter oft gemeinsames Schlafen, Nutzung weiterer zukünftiger Kinderzimmer oft als Spielzimmer

Typische Größen:

- Mindestgröße als funktionierender Aufenthaltsraum: 10 bis 12 m²
- Als nutzbare Spielfläche bzw. späteres Jugendzimmer eher 15 bis 20 m²

Mögliche Zuordnungen:

- Große Nähe zum Elternschlafzimmer, vor allem im Kleinkindalter
- Gemeinsamer Nutzungsbereich mit Elternschlafzimmer und Badezimmer

- Häufig im Obergeschoss als interner Bereich ohne unmittelbaren Zugang von Gästen

Ausrichtung:

- Typischerweise Südosten - Süden - Südwesten für möglichst lange Belichtung im Tagesverlauf

Planungstipps:

- Rechteckige, nicht zu schmale Grundrisse bieten eine größtmögliche Gestaltungsfreiheit und erlauben eine altersgerechte, veränderbare Einteilung durch Raumteiler und andere Möblierung.

- Wägen Sie bei der Planung der Kinderzimmer ab, dass sich die Bedürfnisse Ihrer Kinder in ihrer Entwicklung verändern. Häufig wird ein erhöhtes Maß an Privatsphäre einer besonders intensiven Orientierung zum Außenbereich vorgezogen.

- Keine unmittelbare Nachbarschaft zum Elternschlafzimmer, verschafft Ihnen und Ihren Kindern Privatsphäre. Platzieren Sie beispielsweise das Badezimmer oder einen Abstellraum dazwischen, um Schallschutz und räumliche Distanz trotz funktionaler Zuordnung zueinander zu erhalten.

- Gemeinsam genutzte Balkone bieten einen privaten Außenbereich, ermöglichen aber zugleich unerwünschte Einblicke durch Eltern oder Geschwister.

- Ein Bodentiefes Fenster mit Geländer wertet Kinderzimmer ohne Balkonzugang auf und bietet Licht und Ausblick, ohne die Privatsphäre einzuschränken.

- Platzieren Sie die Kinderzimmer näher an der Treppe als Ihr Schlafzimmer. So bieten Sie Ihren Kindern die Möglichkeit, ohne große Störung der Eltern die Zimmer zu betreten und zu verlassen. So schaffen Sie Privatsphäre und räumen Ihren Kindern die für die Entwicklung notwendigen Freiräume ein.

Smart-Tipp: Das Wohnzimmer im Kleinen

Ihre Kinder halten sich mit zunehmendem Alter mehr und mehr im Kinderzimmer als dem elterlichen privaten Bereich auf. Im Vergleich zum Elternschlafzimmer werden die Kinderzimmer daher ungleich stärker und häufiger genutzt. Priorisieren Sie diese daher bei der Grundrissplanung stärker und betrachten Sie sie als die verkleinerte Form eines Ein-Personen-Wohnzimmers mit Schlafbereich.

4.3.4 Das Schlafzimmer

Aufgabe:

- Schlafraum, häufig auch Ankleidezimmer der Eltern
- Zweites Schlafzimmer häufig als Gästezimmer

Typische Größen:

- Mindestgröße für Doppelbett und Wandschrank: rund 15m², heute eher um 18 bis 20 m²
- Mit begehbarem Kleiderschrank auch darüber hinaus
- Gerade bei kleinen Kindern eher um 20 m² für Beistellbett, Gitterbettchen oder auch Familienbett

Mögliche Zuordnungen:

- In Badnähe
- Nahe den Kinderzimmern für kurze Wege im Kleinkindalter
- Häufig mit Kinderzimmern und Bad im Obergeschoss als intimere Nutzungseinheit ohne Gästezugang

Ausrichtung:

- Häufig Osten für Morgensonne, aber auch allgemein wenig besonnte Richtungen Nordwesten - Norden - Nordosten

Planungstipps:

- Etwas mehr Grundfläche als das absolut
  notwendige Minimum für Schrank
  und Doppelbett eröffnet Ihnen
  die Chance späterer Veränderungen.
  Bereits rund ein halber Meter mehr
  Raumbreite ermöglicht Ihnen,
  das Doppelbett um 90 Grad zu
  drehen, sollte sich die ursprüngliche
  Anordnung als unvorteilhaft erweisen.

- Schrankräume oder begehbare
  Kleiderschränke helfen mit geringem
  Mehrbedarf an Platz, den Gesamteindruck
  vom biederen Elternschlafzimmer zum
  modernen Schlafraum zu wandeln.

- Trennen Sie Schrankräume nicht durch
  massive Wände vom Schlafbereich,
  sondern setzen Sie auf Abtrennungen
  durch festinstalliertes Mobiliar. Optisch
  lässt sich dieses einer Wand angleichen,
  es zeigt sich im Falle späterer
  Veränderungen jedoch weit flexibler und
  einfacher im Rückbau.

- Behalten Sie im Hinterkopf, dass Ihr
  Schlafzimmer in erster Linie nachts genutzt
  wird. Ein schöner Ausblick kommt anderen
  Räumen daher weit mehr zugute.

Smart-Tipp: alternativer Standort, besserer Nutzen

Möglicherweise liegt der Fokus bei der Platzierung Ihres Schlafzimmers schon nicht mehr auf möglichst kurze Wege zum Kinderzimmer. Wagen Sie dann folgenden Gedanken: Ihr Schlafzimmer rückt in das Kellergeschoss und wird über einen üppigen Tiefhof mit Ausblick in den Garten belichtet. Die Fläche im Obergeschoss kommt den anderen Aufenthaltsräumen zugute, während Ihr Schlafzimmer gerade im Sommer von den kühleren Temperaturen des Untergeschosses profitiert. Ein angeschlossenes Duschbad erspart dabei den Weg in das Hauptbad des Obergeschosses, welches somit zum Kinderbad wird.

4.3.5 Toilette und Badezimmer

Aufgabe:

- Körperhygiene, heute mehr und mehr in Verbindung mit Wellness- und sogar Aufenthaltscharakter
- Immer wieder Mischnutzung als anteiliger Hauswirtschaftsraum mit Wäschebereich

Typische Größen:

- Mindestgröße funktionale Toilette: rund 2 bis 3 m²
- Funktionales Badezimmer: mindestens um 10 m²
- Zeitgemäße Bäder mit Wohlfühlcharakter: um 15 m² und mehr
- Mit Waschmaschine / Trockner: zusätzlich 1 bis 2 m²

Mögliche Zuordnungen:

- Besuchertoilette: Erdgeschoss, meist im Flur oder Windfang
- Bad: in unmittelbarer Nähe zu Schlaf- und Kinderzimmern

Ausrichtung:

- Idealerweise Norden, um direkt besonnte Ausrichtungen für Aufenthaltsräume zu erhalten

Planungstipps:

- Beliebt ist die Lage der Besuchertoilette im Erdgeschoss unmittelbar neben der Haustür. Bedenken Sie allerdings, dass ein Toilettenfenster direkt im Eingangsbereich sowohl Ihre Familie als auch Ihre Gäste immer wieder mit unschönen Gerüchen empfängt.

- Selbst mattierte oder strukturierte Fensterscheiben bieten gewisse Durchblicke. Überzeugen Sie sich von der blickdichten Wirkung Ihres präferierten Glases auch bei Nacht und mit Hinterleuchtung. So vermeiden Sie das rasche Nachrüsten mit Jalousien, Rollos oder weiteren Beklebungen.

- Ergänzt um eine Dusche wird die Besuchertoilette ein ausweichbarer Ersatz für Gäste oder Familienmitglieder in morgendlichen wie abendlichen Stoßzeiten. Sollte der Bedarf derzeit noch nicht bestehen, lassen sich alle Anschlüsse bereits vorbereiten, die Dusche selbst aber erst später mit geringem Aufwand nachrüsten.

- Räumliche Nähe eines Duschbads zu einem möglichen Nebeneingang als Schmutzschleuse wertet dessen Funktion nochmals auf und bietet einen einfachen Gang zur Toilette aus Garten oder Garage. Wollen Sie Gästen ein separates Bad anbieten, jedoch kein vollwertiges zweites Badezimmer einrichten, lohnt die Ergänzung des Gäste-WCs um eine Dusche.

- Badezimmer sollen heute neben funktionalen Aspekten auch Wohlfühloase und Wellnessstempel zugleich sein. Die einfachste Möglichkeit, diese Ziele in Grundzügen zu erfüllen, ist Platz. Etwas mehr Bewegungsraum als unbedingt nötig erlaubt beispielsweise Dekoration oder schlicht eine angenehmere Raumwahrnehmung, ohne weiterer technischer Einbauten zu bedürfen.

- Auch abseits des Gäste-WCs kann die Trennung von Bad und Toilette sinnvoll sein. Entweder als separater Raum oder in Form einer (Glas-)Trennwand erfährt Ihre Toilette im Badezimmer eine deutlich höhere Privatsphäre. So lässt sich beispielsweise ein Entspannungsbad nehmen, ohne dabei durch die Toilette gestört zu werden oder aber deren Nutzung zeitweilig unmöglich zu machen.

- Nutzen Sie anstelle normaler Fassadenfenster Dachfenster oder Oberlichter im Badezimmer, machen Sie die begehrten Fassadenflächen frei für andere Aufenthaltsräume. Zudem entfällt bei einer Belichtung von oben die unerwünschte Einsehbarkeit bei gleichzeitig besserer Lichtausbeute.

- Bodengleiche Duschen, idealerweise größer als das absolute Minimum, bieten sowohl mit kleinen Kindern, als auch im Alter deutlich höheren Komfort.

- Planen Sie Dusche und Badewanne ein, um eine bedarfsgerechte Flexibilität zu erreichen. Auch, wenn Sie nicht gerne baden sollten, erleichtert die Badewanne nicht nur im Umgang mit kleinen Kindern vieles.

- Duschabtrennungen aus Klarglas vermitteln ein offenes Raumgefühl und bringen Licht in die Dusche. Allerdings zeigen klare Glasscheiben besonders schnell Kalkspuren und wirken rasch unschön.

- Gemauerte Duschabtrennungen sowie sinnvoll platzierte Installationsvorwände ermöglichen Ablagenischen, die nachträgliche An- und Einbauten unnötig machen.

- Ein korrekt ausgeführter Latexanstrich ist in Puncto Feuchteresistenz gefliesten Wänden ebenbürtig, bietet jedoch einen deutlich breiteren Gestaltungsspielraum.

- Doppelwaschtische ermöglichen eine parallele Nutzung durch mehrere Bewohner und sind in Häusern mit einem Badezimmer geradezu ein Must-Have für morgendliche und abendliche Stoßzeiten.

- Sollten Sie über eine Infrarot- oder Saunakabine nachdenken, sehen Sie für diese einen Platz im Badezimmer vor. So vermeiden Sie unschöne Nachrüstungen im Keller, wie sie aus vergangenen Jahrzehnten vielfach bekannt sind.

- Möblierungsflächen im Badezimmer ermöglichen Ihnen die Lagerung des unmittelbaren Bedarfs an Handtüchern und Hygieneartikeln ohne weite Wege.

- Sozusagen als Luxusvariante steigert ein zweites (Kinder-)Bad die Flexibilität enorm. Ergänzt um einen kleinen Hauswirtschaftsraum (für Waschmaschine, Trockner, Wäsche etc.) zwischen beiden Bädern schaffen Sie einen eigenständigen Sanitärbereich mit kurzen Wegen, einer enormen Flexibilität und herausragendem Komfort.

Smart-Tipp: Türen und Zugänge bewusst planen

Vor allem aus den USA sind Bäder bekannt, die zwischen Schlaf- und Kinderzimmer liegen und von beiden Räumen über einen direkten Zugang verfügen. Beachten Sie bei Überlegungen zu solchen Raumgefügen, dass jede zusätzliche Tür einerseits separat abgeschlossen werden muss, andererseits aber auch wertvolle Wandfläche für Möbel und Sanitärobjekte verbraucht. Verzichten Sie auch bei der Anbindung an andere Räume nicht auf einen unmittelbar vom Flur bestehenden Eingang, um die unabhängige Nutzung des Badezimmers nicht einzuschränken.

Smart-Tipp: Mehrwerte für Gartenpartys

Sie lieben Gartenpartys? Denken Sie darüber nach, Ihre Garage um ein weiteres kleines WC zu ergänzen. So finden Ihre Gäste alles Wichtige vor, ohne Ihr Wohnhaus überhaupt betreten zu müssen. Behalten Sie allerdings im Hinterkopf, dass Sanitärinstallationen in der Garage frostfrei ausgeführt werden müssen. Andernfalls drohen bei Frost im Winter Schäden durch platzende Leitungen.

4.3.6 Das Arbeitszimmer

Aufgabe:

- Wahrnehmung häuslicher "Verwaltung"
- Abgetrennter Rückzugsbereich
- Meist Standort eines vorhandenen PCs sowie persönlicher Unterlagen
- Gegebenenfalls Ort für Homeoffice oder freischaffende Tätigkeiten von zu Hause aus
- Häufig Mischnutzung mit anderen Funktionen wie Gästezimmer, Bastelzimmer, "Lager" für verschiedene Dinge des täglichen Lebens etc.

Typische Größen:

- Je nach Umfang der Nutzung: ab 10 m² aufwärts
- Ab einem zweiten Arbeitsplatz: mindestens 13 bis 15 m²

Mögliche Zuordnungen:

- Keine direkten Bezüge zu anderen Raumnutzungen erforderlich
- Wegen lediglich zeitweiliger Nutzung häufig Positionierung auf "Restflächen", die für andere Aufenthaltsräume ungünstig erscheinen

Ausrichtung:

- Idealerweise Norden, da hier keine direkte Sonneneinstrahlung (Blendwirkung am PC)
- In der Praxis aber häufig Aufenthaltscharakter, somit auch Südwesten - Westen - Nordwesten möglich

Planungstipps:

- Viele Tätigkeiten im Arbeitszimmer sind mit Lesen, Schreiben oder der Nutzung elektronischer Geräte wie PC, Laptop oder Tablet verbunden. Besonders günstig ist dafür eine Belichtung von Norden. Ohne direkte Sonneneinstrahlung ist die Belichtung besonders gleichmäßig und völlig blendfrei.

- Sofern entstehende Nischen für einen erforderlichen Schreibtisch ausreichen, kann die Möblierung mit Regalen, Sideboards etc. funktional und sehr flexibel vorgenommen werden. Diese Freiheiten erlauben Ihnen große Spielräume bei der Planung des Arbeitszimmers. Das verschafft Ihnen bei der Planung des weiteren Grundrisses deutliche Vorteile.

- Durch eine Doppelnutzung des Arbeitszimmers, beispielsweise als Gästezimmer, können Sie Ihren Flächenbedarf senken. Allerdings erfordert das im späteren Gebrauch ein erhöhtes Maß an Ordnung, um den Raum tatsächlich als Gästezimmer verfügbar zu erhalten.

Smart-Tipp: priorisieren nach Nutzungsintensität

Ihr Arbeitszimmer wird in aller Regel nur zeitweise genutzt, sofern Sie dort nicht Ihrer Berufstätigkeit nachgehen. Daher darf der Raum auch etwas ungünstiger ausfallen. Legen Sie Ihr Arbeitszimmer in den ansonsten eher schwer nutzbaren Dachraum oder in den Keller. So erreichen Sie einen besonders abgelegenen und ruhigen Arbeitsbereich, der zugleich den Flächenverbrauch der Hauptgeschosse schont.

4.3.7 Der Hauswirtschaftsbereich

Aufgabe:

- Versorgung von Wäsche mit Wasch- und Trockenbereich
- Reinigung von Haushaltsgegenständen, Schuhen etc.
- Eventuell weitere haushaltsspezifische Nutzungen wie Schuhlager etc.
- Häufig funktionale Einheit mit Schmutzschleuse, Gartenzugang oder anderen vergleichbaren Nutzungen

Typische Größen:

- Hauswirtschaftsraum mit Wasch- / Trockenbereich: mindestens 10 bis 12 m²
- Mit Zweitfunktion als Schmutzschleuse: um 15 m²

Mögliche Zuordnungen:

- Küche, eventuell mit Zweitnutzung als
  Schmutzschleuse, Lager oder Speisekammer
- Bad bzw. Schlafräume für kurze Wege für
  schmutzige und frische Wäsche

Ausrichtung:

- Nicht anderweitig genutzte Himmelsrichtungen,
  daher meist Nordwesten - Norden - Nordosten

Planungstipps:

- Hauswirtschaftsräume eignen sich gut für die
  Nutzung von "Restflächen" im Grundriss.
  Nischen und Vorsprünge lassen sich gut für
  eine interne Zonierung nutzen,
  beispielsweise als Stellplatz
  für Waschmaschine und Trockner, für
  Einbauschränke oder für ein Ausgussbecken.

- Ein Gartenzugang vom Hauswirtschaftsraum
  verkürzt Wege und macht den Garten
  einfach und schnell zum Wäschetrocknen
  nutzbar.

- Ein direkter Außenzugang zu Garage
  oder Garten werten um eine Zweitnutzung
  als Schmutzschleuse auf und bieten einen
  adäquaten Platz für schmutzige Schuhe der
  Kinder, Arbeitskleidung aus dem Garten oder
  auch stark verunreinigte Berufskleidung.

- Je nach Raumgröße lässt sich ein Hauswirtschaftsraum durch Wände oder Einbaumöbel nochmals zonieren und in einen "weißen" Bereich für frische Wäsche, einen "schwarzen" Bereich für Schmutzwäsche und weitere Bereiche als Abstellfläche oder für sonstige Nutzungen unterteilen.

- Liegen Hauswirtschaftsraum, Bad, Haustechnikraum und Küche neben- und übereinander, fällt der Aufwand für haustechnische Installationen mit kurzen Leitungswegen und besonders wenigen Installationsvorwänden etc. besonders gering aus.

- Ein großzügiges Ausgussbecken oder eine Minimaldusche im Hauswirtschaftsraum hilft, Schmutz aus dem Wohnbereich fern zu halten. Hier können Sie bei besonders schmutzigen Arbeiten kurz abduschen, bevor Sie die Wohnung selbst betreten. Auch der Hund kann Schmutz und Hundehaare nach dem Herbstspaziergang hierlassen, bevor es in die Wohnräume geht.

- Ein zweiter kleiner Hauswirtschaftsraum auf der Etage der Kinderzimmer erleichtert den Umgang mit schmutziger und frischer Wäsche und hält Laufwege kurz.

Smart-Tipp: Der Wäscheabwurf

Positionieren Sie Ihren Hauswirtschaftsraum unter dem Badezimmer und verbinden Sie beide Räume über einen Wäscheabwurf. So landet die Schmutzwäsche sofort da, wo sie sein soll und Sie ersparen sich das lästige Einsammeln und das Tragen zur Waschmaschine. Ein ausreichend hoch positionierter Einwurf ist einerseits ergonomisch, er sorgt andererseits aber auch bei kleinen Kindern oder Haustieren für Sicherheit. Ideal ist die Oberkante des Einwurfs auf Höhe der Waschbecken. Die Höhe ist wunderbar erreichbar, ohne dass Sie sich verbiegen müssen. Zudem wird es kleinen Kindern deutlich erschwert, das Bauwerk kletternd zu bewältigen. Mit einem fest sitzenden Deckel verschlossen kann eigentlich nichts mehr schiefgehen. Behalten Sie aber immer im Hinterkopf, dass es den zu 100 % kindersicheren Wäscheabwurf nie geben wird, sofern Sie die Abdeckung nicht tatsächlich mit einem Schloss versehen.

4.3.8 Abstellräume und -flächen

Aufgabe:

- Unterbringung aller im Haushalt erforderlichen jedoch nicht unmittelbar im Lebensumfeld sichtbar erwünschten Dinge wie Haushaltsgeräte, Verbrauchsartikel, saisonale Objekte rund um Haus und Hobbys etc.

Typische Größen:

- Etagen-Abstellraum: jeweils mind. 1 bis 1,5 m²
- Abstellräume mit Außenbezug: sinnvoll ab 5 bis 6 m²
- Aufteilung und Größe ansonsten nach zugeordneter Funktion

Mögliche Zuordnungen:

- Besondere Abstellbereiche zum jeweiligen Hauptnutzungsbereich, z.B. Speisekammer zur Küche
- Je Geschoss Abstellfläche für individuelle Erfordernisse

Ausrichtung:

- Nicht anderweitig genutzte Himmelsrichtungen, daher meist Nordwesten - Norden - Nordosten

Planungstipps:

- Mehrere kleinere Abstellflächen anstatt eines großen Raumes schaffen Struktur und ermöglichen Ihnen die Verwertung von Restflächen in den einzelnen Grundrissen.

- Ordnen Sie jeder besonderen Anforderung eine eigene Abstellfläche zu, um hygienische oder gesundheitliche Anforderungen (z.B. Speisekammer, Lagerung von Reinigungsmitteln, Farben, Lacken etc. als Gefahrstoffe) zu erfüllen

- Je häufiger Sie Abstellbereiche
  frequentieren, umso leichter sollten sie
  erreichbar sein. Die Aufbewahrung der
  Winterkleidung kann während des Sommers
  sicherlich umständlicher zugänglich
  sein, während täglich benötigte Spielsachen,
  Bastelmaterialien usw. möglichst dicht am
  jeweiligen Ort der Nutzung liegen sollten.

- Die häufigsten Wege im Haus sind die
  zwischen Küche und Lebensmittellager.
  Je dichter eine Speisekammer an der
  Küche liegt, desto mehr profitieren
  Sie tagtäglich durch kurze Wege.

- Je einfacher ein Abstellbereich zugänglich
  ist, umso eher beziehen Sie ihn in Ihre
  tägliche Nutzung ein.

- Positionieren Sie Abstellkammern oder
  Räume geschickt als Puffer, um Distanz
  zwischen unterschiedlichen Räumen
  zu schaffen. Bereits eine Kammer
  von einem Meter Breite kann Lärm
  der Kinderzimmer wirkungsvoll vom
  Elternschlafzimmer fernhalten.

- Achten Sie auch ohne separates Gartenhaus
  darauf, eine entsprechende Fläche im
  Erdgeschoss vorzusehen. Denn wer möchte
  schön seinen Grill, die Fahrräder oder den
  Rasenmäher Tag für Tag aufs Neue in den
  Keller tragen?

- Eine Lüftungsmöglichkeit über Fenster hilft,
  schlechte Gerüche sowie übermäßige
  Feuchtigkeit aus Abstellkammern fernzuhalten.

Smart-Tipp: Belüftung innenliegender Räume

Gerade innenliegende Abstellkammern lassen sich logischerweise nicht über Fenster belüften. Liegen die Räume in Nähe des Bads oder der Toilette, können Sie diese mit geringem Aufwand an die dort vorhandene Abluft anbinden. Es reicht völlig aus, wenn bei WC-Nutzung auch in der Abstellkammer die "verbrauchte" Luft abgesaugt wird. Über den Türspalt strömt frische Luft nach und der Effekt einer Fensterlüftung wird gleichwertig erreicht.

4.3.9 Der Keller

Aufgabe:

- Lagerung nicht täglich benötigter Gegenstände
- Häufig Ort der Haustechnik
- Platzreserve für nicht tägliche Raumnutzungen außerhalb des unmittelbaren Wohnumfelds wie beispielsweise Hobbyraum, häusliche Werkstatt etc.

Typische Größen:

- Größe meist vorgegeben durch Wohngeschosse
- Einzelne Kellerräume unter 5 bis 6 m² nur schwer möblierbar bzw. allgemein nutzbar

Mögliche Zuordnungen:

- Selbstverständlich schließt sich der Keller in aller Regel unten an das unterste Wohngeschoss
  an. In starken Hanglagen kann jedoch auch der
  rückwärtige Bereich eines Hanggeschosses
  als Keller dienen, während der vordere Teil der
  Wohnnutzung zugeschlagen wird.

Ausrichtung:

- Keine bevorzugte Ausrichtung, da Lage
  überwiegend im Erdreich

Planungstipps:

- Lichtschächte mit Fenstern an
  gegenüberliegenden Kellerwänden
  sorgen für eine sogenannte Querlüftung und
  damit für Frischluft in muffigen Lagerbereichen.

- Gleichzeitig führt die Querlüftung
  Feuchtigkeit ab und verhindert den vielfach
  gefürchteten feuchten Keller. Dieser
  entstammt heute nicht mehr einer
  undichten Bauweise, sondern dem durch die
  Nutzung bedingten geringen Luftwechsel.

- Kellerräume sind problemlos im Rohbau mit
  pragmatischen Elektroinstallationen
  nutzbar. Behalten Sie bei Ihrer Planung
  einen späteren Ausbau im Hinterkopf,
  schaffen Sie sich so eine Ausbaureserve für
  sich verändernde Lebensbedingungen mit
  zusätzlichem Raumbedarf.

- Eine Außentreppe ermöglicht Ihnen einen direkten Zugang vom Garten zum Keller. So müssen Rasenmäher und Grill nicht durch den Wohnbereich getragen werden.

- Je nach Höhenlage der Abwasserleitungen in der Straße können Abläufe, Waschbecken etc. im Keller nur schwer umsetzbar sein. Eine einfache Hebeanlage reicht aus, um Ihnen den Mehrwert dieser Einrichtungen im Keller mit geringem Aufwand trotzdem zu sichern.

Smart-Tipp: Dämmen gegen Feuchtigkeit

Auch heute wird noch lange nicht jeder Keller gedämmt, sondern lediglich gegen Feuchtigkeit abgedichtet. Trotzdem wundern sich die Nutzer immer wieder über die enorme Feuchtigkeit. Versehen Sie auch einen unbeheizten Keller mit einer Wärmedämmung, um dieses Problem zu vermeiden. Durch die wärmeren Kellerwände kondensiert die Luftfeuchtigkeit nicht und Ihr Raumklima bleibt weiterhin kühl, aber gleichzeitig auch trocken.

4.3.10 Der Treppenraum

Aufgabe:

- Vertikale Erschließung des Gebäudes über alle Geschosse, eventuell ohne Dachraum
- Meistens gleichzeitig vertikale Erschließung als Flur- und Verteilzone

Typische Größen:

- Bei gewendelten Treppen einschl. Treppengrundfläche: rund 10 m²
- Bei geradläufigen Treppen einschl. Treppengrundfläche: ab 14 bis 15 m²

Mögliche Zuordnungen:

- Der Treppenraum ist als vertikale Erschließung notwendigerweise mit allen Geschossen verbunden.

Ausrichtung:

- Norden optimal, da hier keine direkte Besonnung und damit kein Sonnenschutz notwendig. Zudem Freihalten "wertvollerer" Ausrichtungen für Aufenthaltsräume

Planungstipps:

- Ein zum Flur bzw. den Räumen eines Geschosses abgeschlossener Treppenraum schafft Distanz und ermöglicht eine spätere Aufteilung Ihres Wohnhauses in zwei Wohnungen oder in Hauptwohnung und Einliegerwohnung. Ermöglichen Sie Ihren Kindern das Nachhausekommen, ohne so fort gesehen zu werden. Oder verbringen Sie selbst einen gemütlichen Abend mit

Freunden, ohne durch den Lärm aus dem Wohnzimmer Ihre Kinder zu stören.

- Eine offene Treppe innerhalb des Wohnbereichs schafft räumliche Bezüge und bietet beispielsweise die Möglichkeit, aus dem Erdgeschoss im Obergeschoss spielende Kinder zu hören.

- Auch bei offenen Treppen lohnt die Abtrennung der Kellerräume. Denn der deutlich kühlere Keller entzieht den Wohnräumen permanent Wärme, die aufwändig nachgeheizt werden muss.

- Für beengte Grundrisse verschafft eine Innentreppe zusätzliche Spielräume, Aufenthaltsräume mit Fenstern zu versehen.

- Durch die fehlenden Fenster sind innenliegende Treppen bereits tagsüber auf Kunstlicht angewiesen. Statten Sie einzelne Räume wie beispielsweise das Badezimmer oder das Arbeitszimmer mit lichtdurchlässigen Glastüren aus und holen Sie so mit minimalem Aufwand Sonnenlicht in den Treppenraum.

- Offene Treppenkonstruktionen ohne Stellstufen (senkrechte Abschlüsse zwischen den einzelnen waagerechten Stufen) schaffen noch mehr Transparenz, stellen für kleine Kinder aber auch enorme Gefahren dar. Denn je nach Stufenhöhe passt hier in den ersten Jahren der Kopf eines Babys oder Kleinkinds hindurch.

Smart-Tipp: Hohlräume nutzen

Während in den oberen Geschossen unter jeder Treppe die darunterliegende Treppe folgt, verbleibt im Keller ein selten sinnvoll nutzbarer Bereich, der vor allem rasch verschmutzt. Bilden Sie die Kellertreppe als geschlossene Treppe mit Stellstufen aus und sehen Sie darunter einen Abstellraum oder Einbauschrank vor. So gewinnen Sie weiteren abschließbaren Stauraum und vermeiden unschöne Schmutzwinkel.

Selbstverständlich funktioniert das genauso gut bei nicht unterkellerten Gebäuden. Nutzen Sie den Platz unter der Treppe für einen abgeschlossenen Abstellbereich für Schuhe, Jacken und andere Dinge.

4.3.11 Der Eingangsbereich

Aufgabe:

- Übergangszone zwischen Außen und Innen
- Abschirmung der Wohnräume gegen Zugluft und Kälte bei geöffneter Haustür
- Häufig Zweitfunktion als Garderobe, horizontaler oder vertikale Verteilzone etc.

Typische Größen:

- Mindestgröße Windfang: um 4 bis 5 m²
- Mit Zweitfunktion als Verteiler und Garderobe: eher um 6 bis 10 m²

Mögliche Zuordnungen:

- Treppenraum
- Wohnräume im Erdgeschoss

148

Ausrichtung:

- Norden optimal, da hier keine direkte Besonnung und damit kein Sonnenschutz
  notwendig. Zudem Freihalten "wertvollerer"
  Ausrichtungen für Aufenthaltsräume

Planungstipps:

- Bedenken Sie, dass Sie das Haus immer
  wieder zu mehreren oder als ganze Familie
  verlassen oder betreten. Ein großzügiger
  Windfang erlaubt das Anziehen und
  Ausziehen mehrerer Personen gleichzeitig.

- Obwohl Sie ihn täglich mehrfach aber immer
  nur kurz benutzten, ist Ihr Windfang die
  Adresse Ihres Hauses. Sowohl funktional
  als auch optisch kann er das Betreten
  des Hauses sowohl positiv als auch negativ
  beeinflussen.

- Ein Glasausschnitt in der Haustüre oder ein
  verglastes Seitenteil erlaubt Ihnen, Besucher
  zu erkennen, bevor Sie die Tür öffnen.

- Wird die Garderobe im Eingangsbereich
  positioniert, halten Sie Schuhgerüche,
  Feuchtigkeit nasser Jacken und andere
  unliebsame Auswirkungen aus Ihren
  Wohnräumen fern.

- Eine Abtrennungsmöglichkeit des
  Eingangsbereichs vom Wohnbereich hält
  Zugluft fern und reduziert die
  Auskühlung des Hauses bei geöffneter Tür.

Smart-Tipp: bewährt und doch vergessen

Heute liegen die meisten Eingangsbereiche unmittelbar hinter der Haustür und werden auf das funktional nötige Minimum reduziert. Trennen Sie die Haustür über einen kleinen Windfang ab und verlagern Sie den echten Eingangsbereich ins Innere, schafft dies eine Diele, wie sie aus früheren Tagen bekannt ist, ein großzügiges und freundliches Ankommen. Gleichzeitig kann der Bereich als Verteiler in die einzelnen Wohnräume funktionieren und die bekannten aber oft wenig attraktiven Erschließungsflure ersetzen.

4.3.12 Garage und Carport

Aufgabe:

- Unterbringung von Kraftfahrzeugen, Fahrrädern, Kinderspielsachen
- Eventuell Zweitnutzung als Werkstatt oder Abstellraum für die Gartennutzung

Typische Größen:

- Je Stellplatz mindestens 2,50 x 5,00 m, besser 3,00 x 5,00 m oder 3,00 x 6,00 m Innenmaße
- Je zusätzlicher Nutzung z.B. als Werkstatt oder für Fahrräder, Kinderspielzeug etc. weitere Flächen vorsehen!

Mögliche Zuordnungen:

- Straßenanbindung zwingend erforderlich
- Nähe zum Haupt- oder Nebeneingang vorteilhaft für kurze Wege mit Einkäufen etc.

- Bei mehrseitiger Erschließung des Grundstücks bevorzugt nordseitig, um Südgarten nicht unnötig einzuschränken

Ausrichtung:

- Sofern möglich, Lage nördlich des Wohnhauses, um gut besonnten Garten bzw. Terrasse in südlichen Ausrichtungen zu ermöglichen

Planungstipps:

- Binden Sie Ihre Garage oder Ihren Carport über das Dach an Ihr Wohnhaus an, um einen natürlichen Eingangsbereich zu schaffen. Der Bedarf zusätzlicher Einhausungen oder Vordächer entfällt.

- Gleichen Sie Garage und Geräteschuppen in der Gestaltung an und verbinden Sie beide Funktionen idealerweise in einem Bauwerk, um einen harmonischen Gesamteindruck herzustellen und kostbare Freiflächen zu schonen.

- Ein angebundener Lagerraum schafft im Carport einen sicheren Bereich für Fahrräder und Kinderspielzeug.

- Werden in der Garage Fahrräder etc. gelagert, sollte neben dem Stauraum ausreichend Platz verbleiben, damit auch Ihre Kinder mit Dreirad, Fahrrad oder Skateboard kratzerfrei an Ihrem Auto vorbeikommen.

- Ein größerer Dachüberstand oder eine Seitenwand in Richtung der Hauptwetterseite hilft, Ihr Fahrzeug im Carport auch bei Wind vor Schnee, Eis und Regen zu schützen.

- Eine ansprechende Gestaltung von Garage oder Carport eröffnet Ihnen im Bedarfsfall die Möglichkeit der Zweitnutzung als Schlechtwetterunterstand für Gartenfeste.

- Begrünte Dachflächen bedeuten einen gewissen Unterhaltungsaufwand. Sie werten den Ausblick aus Ihren oberen Geschossen auf die meist niedrigere Garage jedoch deutlich auf.

Smart-Tipp: Die Dachfläche nutzen

Trotz Terrasse wünschen sich viele Bauherren einen Balkon mit direkter Zuordnung zum Schlafzimmer. Günstig platziert kann das Flachdach eines Carports oder einer Garage als Lüftungsbalkon oder kleiner Freisitz dienen. Sehen Sie lediglich einen Teil der Dachfläche begehbar vor und begrünen Sie die verbleibenden Bereiche intensiv - so schirmen Sie Blicke ab und sitzen mitten im Grünen. Und auch Ihre Kinder werden in späteren Jahren die geschützte Rückzugsmöglichkeit für private Feiern oder ein gemütliches Beisammensein mit ihren Freunden begrüßen.

4.3.13 Die Heimwerker-Werkstatt

Aufgabe:

- Erledigung von Instandsetzungen im häuslichen Umfeld
- Kreatives Schaffen, Basteln, Werkeln

Typische Größen:

- In Abhängigkeit der geplanten Arbeiten ab ca. 10m²

Mögliche Zuordnungen:

- Keller
- Garage
- Hauswirtschaftsraum

Ausrichtung:

- Alle nicht anderweitig benötigten Himmelsrichtungen

Planungstipps:

- Je weiter eine häusliche Werkstatt von den Wohnräumen entfernt ist, umso geringer fallen die Störungen durch Lärm und Gerüche aus.

- In der Garage untergebracht oder an die Garage angegliedert bietet die Werkstatt optimale Bedingungen, um selbst schmutzintensive, laute oder stark riechende Arbeiten auszuführen.

- Eine Belüftungsmöglichkeit bietet bei Arbeiten mit Lösungsmittel, Farben und sonstigen emittierenden Stoffen Sicherheit.

- Bei Lagen im Keller sorgt die Werkstatt nahe der Außentreppe für kurze Wege mit Fahrrad, Rasenmäher oder sonstigen zu reparierenden Dingen.

- Je mehr Sie über die zukünftigen Arbeiten in Ihrer Werkstatt wissen, umso besser können Sie Raumgröße, Zuschnitt und technische Ausstattung festlegen.

- Ein Ausgussbecken mit Wasseranschluss vermeidet schmutzige Arbeiten in Küche, Bad oder Gäste-WC.

- Im Gartenhaus untergebracht schont die Werkstatt den Verbrauch an teurer Nutzfläche innerhalb des eigenen Wohnhauses

Smart-Tipp: Die Abluft

Häufig wird die kleine Privatwerkstatt irgendwo im Keller untergebracht, wo eben noch Platz ist. Gerade kleine Räume werden beim Schleifen, Sägen oder auch Lackieren sehr schnell nicht mehr nutzbar, da Staub, Späne oder Dämpfe die Raumluft beeinträchtigen. Sehen Sie für wenig Geld eine günstige Ablufthaube aus dem Küchenzubehör vor, die Feststoffe, Dämpfe und verbrauchte Luft wirkungsvoll absaugt. So steigern Sie Ihre Aufenthaltsqualität enorm und sorgen für ein sicheres Arbeiten.

4.3.14 Hobbyraum, Schwimmbad, Studio

Neben den bereits beschriebenen, geradezu als Standard anzusehenden, Räumen finden sich in vielen Wohnhäusern noch weitere Räume für sehr spezifische Nutzungen. Bekannt sind etwa der Fitnessraum, der Hobbyraum oder auch das eigene Schwimmbad. Für all diese Räume fallen Flächenbedarf und die optimale Lage so individuell wie ihre Nutzung aus. Und selbst innerhalb eines Raumtyps bestehen große Brandbreiten. So sehen die einen Bauherren beispielsweise den kompakten Whirlpool als Optimum an, während Sie selbst möglicherweise gerne das klassische Rechteckbecken zum Schwimmen bevorzugen.

Um all diese Räume optimal in Ihren Grundriss einzuplanen, helfen Ihnen die folgenden Leitfragen, Notwendigkeiten festzustellen, Abhängigkeiten zu erkennen und bei Bedarf auch Prioritäten zu setzen.

• Was genau möchte ich in diesem Raum tun?

• Wann und wie oft nutze ich den Raum?

• Was ist im Raum für die Nutzung erforderlich?

• Welche technischen Voraussetzungen sind nötig?

• Wie groß muss der Raum sein?

• Wen störe ich, wenn ich diesen Raum benutze?

• Wie störe ich meine Familie, wenn ich den Raum nutze?

• Kann ich die geplante Nutzung mit anderen Nutzungen kombinieren?

• Welche anderen Räume nutze ich vor oder nach diesem Raum?

Smart-Tipp: Erfahrungen nutzen

Unterhalten Sie sich neben Ihrem Architekten auch mit Freunden und Bekannten über Ihr Bauvorhaben. Sprechen Sie Ihre individuellen Wünsche gezielt an. Möglicherweise haben andere Menschen bereits Erfahrungen gesammelt, die Sie selbst nutzen können. Vielleicht besitzen Bekannte bereits einen Pool? Oder die eigene Familie hat sich schon ein kleines Fitnessstudio eingerichtet?

4.4 Das Leben verändert sich - vorausschauend Planen

Der typische Zeitpunkt, um ein Haus zu bauen, sind die Jahre um die Gründung Ihrer eigenen Familie. Entweder lässt die wachsende Familie Ihre vorhandene Wohnung immer kleiner werden, oder Sie blicken bereits in die Zukunft und wollen für sich und Ihre Liebsten die Sicherheit einer eigenen Immobilie entstehen lassen.

Aber das Leben verändert sich. Wo zunächst mehr Platz für weitere Kinder benötigt wird, wachsen diese heran, wollen ihre eigenen Rückzugsbereiche und verlassen schließlich das elterliche Haus. Und auch Sie selbst werden älter.

Zwar sind all diese Themen noch in weiter Ferne, wenn Sie Ihr Haus planen, allerdings schaffen Sie genau jetzt die Voraussetzungen, um Ihr Gebäude für eben diese Veränderungen optimal vorzubereiten. Einige grundlegende Tipps helfen, ohne Einschränkungen für Ihre heutige Lebenssituation enorme Vorteile für zukünftige Veränderungen zu schaffen:

1. Alternative Raumnutzungen

Überlegen Sie sich bereits jetzt, welche Folgenutzungen beispielsweise für die Kinderzimmer möglich wären. So vermeiden Sie Leerstand und den Bau von unnötiger Fläche. Möglicherweise kommen Sie ja mit Kindern ohnehin nicht dazu, einen gewünschten Fitnessraum zu nutzen. Verlassen die Kinder Ihr Haus, kann eines der Kinderzimmer Ihre gewonnene Freizeit um diese Nutzung ergänzen.

2. Bewegungsflächen und Durchgänge

Die allermeisten Maßnahmen für altersgerechtes Wohnen sehen keine große Umbaumaßnahmen vor, sondern vor allem Anpassungen im Detail. Vor allem minimierte Tür- und Flurbreiten schränken die Nutzung von Rollatoren und Rollstühlen enorm ein. Genießen Sie bereits jetzt den Vorzug von mehr Großzügigkeit bei der Grundrissgestaltung und erhalten Sie sich damit später die volle Bewegungsfreiheit.

3. Altersgerechte Bäder

Ein wesentlicher Schritt in Richtung selbstständiger Lebensführung im Alter ist ein barrierearmes Bad. Eine bodengleiche Dusche ist selbst mit Rollatoren problemlos befahrbar. Etwas mehr Platz bietet die Möglichkeit, einen Hocker oder sogar einen Duschsitz zu ergänzen.

Übrigens werden Sie feststellen, dass auch der Umgang mit Kleinkindern deutlich von diesen kleinen Anpassungen profitiert.

4. Barrierefreiheit

Eine echte Barrierefreiheit im Sinne der einschlägigen DIN-Norm 18040-2 werden Sie in Ihrem Wohnhaus nur schwer erreichen. Das ist aber auch gar nicht nötig. Denn auch, wenn vorgeschriebene Maße unterschritten werden, helfen einige grundlegende Unterschiede, die Nutzbarkeit im Alter enorm zu verbessern:

- Hauseingang stufenfrei gestalten, z.b. durch flache Rampe oder generell geneigtem Zugangsweg

- Treppenlaufbreite größer als Mindestmaß festlegen, damit Treppenlift ohne Einschränkungen nachgerüstet werden kann

- Sanitärbereiche mit ausreichend Bewegungsraum ausstatten, kann bis zum Bedarf im Alter als weitere Möblierungsfläche genutzt werden

- Stellplatz neben Hauszugang platzieren, sodass Fläche für Aussteigen mit Rollstuhl ausreicht

5. Die Einliegerwohnung

Je nach Grundrissgestaltung lässt sich möglicherweise eine Raumfolge nach Auszug der Kinder abtrennen und separat vermieten. So reduzieren Sie Ihre zu unterhaltende Fläche und erzeugen ein weiteres Einkommen. Bad und Küche für diese neue Nutzungseinheit lassen sich bei der Hausplanung problemlos unsichtbar vorbereiten und erst bei Bedarf mit geringem Aufwand nachrüsten.

6. Die eingeschossige Nutzung

Stellen Sie sich Ihr großzügiges Einfamilienhaus vor, wenn die Kinder erst einmal groß und aus dem Haus sind. Viele Räume sind unbelegt und auch sonstige Nutzungen erscheinen auf einmal überdimensioniert. Und denken Sie an sich selbst, wenn Sie erst einmal das Rentenalter erreicht haben. Trotz Treppenlift oder Aufzug mag der Weg durch die Geschosse ab einem gewissen Punkt nur noch sehr schwer zu meistern sein.

Eine gute Lösung kann eine vorausschauende Planung mit zwei Grundrissvarianten sein. Eine Variante erlaubt die Verwendung des gesamten Hauses durch Sie und Ihre Familie. Eine zweite Variante für die ferne Zukunft schafft zwei Nutzungseinheiten, die separat genutzt und auch vermietet werden können.

Wie Sie das erreichen? Günstig platziert, lässt sich ein Gäste-WC mit einer benachbarten Garderobe oder Abstellkammer problemlos zu einem vollwertigen Badezimmer ausbauen, während beispielsweise das Arbeitszimmer zum Schlafzimmer umfunktioniert wird. Und selbst eine Küche lässt sich problemlos unsichtbar vorbereiten und später in einem nicht mehr benötigten Raum realisieren. Ohne umfassende Baumaßnahmen erhalten Sie so alle erforderlichen Funktionen einer Wohnung auf einer Ebene. So gelingt die Reduzierung Ihres Wohnraumes auf eine funktionale Größe ohne Abstriche oder Notlösungen.

Smart-Tipp: Vorausschauende Planungen

Führen Sie trotz eines gewissen Mehraufwands zwei konkrete Planungen durch, die sowohl Ihr Wunschziel als auch eine zukünftige Aufteilung in mehrere Einheiten berücksichtigen.

Diese zweite Planung schafft hinsichtlich einer späteren Umsetzung keinerlei Verbindlichkeiten. Sie versetzt Sie als Familie jedoch in Gewissheit, einen funktionierenden Plan B in der Hinterhand zu haben.

7.   Der Aufzug

Obwohl der Aufzug im Einfamilienhaus immer noch sehr selten zu finden ist, stellt er die Krönung in Sachen Nutzbarkeit Ihres Wohnhauses im Alter dar. Kleinformatige Spindelaufzüge lassen sich heute mit vergleichsweise wenig Aufwand nachrüsten, sofern der Platz vorhanden ist. Positionieren Sie in jedem Geschoss übereinander denselben Abstellraum, schaffen Sie sich die Chance, diese Räume nach Beseitigung der Zwischendecken als durchgängigen Aufzugsschacht zu nutzen. Wichtig ist hierbei vor allem, dass Mindestmaße für den Aufzugeinbau erreicht werden.

8.   Leichte Trennwände für mehr Flexibilität

Zuletzt sei Ihnen noch ein allgemeiner Rat zu möglichen Veränderungen Ihres Hauses mit auf den Weg gegeben: Reduzieren Sie Installationsschächte auf das absolut notwendige Minimum und verzichten Sie auf mehrere parallele Steigschächte.

Ebenso sollte das Tragwerk auf die absolut notwendigen Stützen und tragenden Wände reduziert werden.

Leichte Trennwände lassen sich später einfach entfernen und die Böden in diesen Bereichen angleichen. So gehen Veränderungen leicht von der Hand und schlagen mit moderaten Kosten zu Buche. Jede Wand, die aber fest in das statische System eingebunden ist, erzeugt bei Veränderungen enormen technischen Aufwand. Dieses Hilfsmittel erlaubt Ihnen beispielsweise, schon jetzt die perfekten Voraussetzungen für die bereits unter Punkt 6 geschilderte Änderung Ihres Einfamilienhauses zu einem Zweifamilienhaus oder aber zum Einfamilienhaus mit Einliegerwohnung zu schaffen.

Smart-Tipp: Vorausschauend planen

Auch hier lohnt die Planung mehrerer Varianten, also einmal mit und einmal ohne leichte Trennwände. Alternativ können aber auch zwei Varianten unterschiedlicher Wandführungen helfen, einen aktuellen und einen "Was wäre wenn"-Grundriss heute schon zu prüfen und von möglichen Fehlern für eine spätere Veränderung zu befreien.

4.5 Die Baugenehmigung

Mit dem Abschluss Ihres Entwurfes und dem Ein-
reichen des Bauantrages haben Sie einen großen
Meilenstein Ihres Projektes erreicht. Bevor Sie Ihr
Haus bauen können, steht allerdings noch eine
Hürde aus: Die Baugenehmigung.

Auflagen und Hinweise

Wenn Sie gemeinsam mit Ihrem Architekten Ihr Haus
planen, berücksichtigen Sie alle Rahmenbedingungen nach bestem Wissen und Gewissen. Allerdings
kann es immer vorkommen, dass sowohl Ihrem Architekten als auch Ihnen gewisse Sachverhalte un-
bekannt waren, dass sich Rahmenbedingungen
sowohl rechtlich als auch materiell verändern, oder
dass sogar der beratenden Baurechtsbehörde im
Vorfeld einzelne Aspekte nicht auffallen.

Daher beinhaltet jede Baugenehmigung neben der eigentlichen Genehmigung sowie einer Rechtsbelehrung
und einem Gebührenbescheid auch immer Auflagen
und Hinweise.

Auflagen

Bei Auflagen handelt es sich um Vorgaben zu bestimmten
Themen, die Sie während des Baus zwingend umset-
zen müssen. Themen können beispielsweise bestimmte
Bauteilausführungen aus Brandschutzgründen sein, eine
bestimmte Bepflanzung oder ein anderes Ausführungs-
detail. Genauso können aber auch aus ganz anderen
Rechtsbereichen Forderungen gestellt werden. Liegt Ihr
Grundstück beispielsweise in einer archäologischen

Verdachtsfläche, kann beispielsweise die archäologische Baubegleitung als Auflage für die Umsetzung Ihres Vorhabens festgeschrieben werden.

Sachverhalte, die Ihre Planung dagegen grundlegend verändern, können per Auflage nicht gefordert werden. Entstehen aus einzelnen Forderungen Planänderungen, wird die zuständige Behörde dies bereits vorab kommunizieren und eine Anpassung Ihrer Pläne fordern.

Hinweise

Entgegen den Auflagen haben enthaltene Hinweise keinen rechtlich bindenden Charakter. Häufig werden Hinweise durch Passagen in Form von "Es wird empfohlen..." oder "Es wird darauf hingewiesen, dass..." eingeleitet. Für Sie stellen diese Formulierungen vor allem Tipps oder auch Wünsche der einzelnen Fachämter Ihres Landratsamtes dar. Sie müssen diese aber nicht abarbeiten, um Ihr Haus später nutzen zu dürfen.

Die Baufreigabe

Neben der eigentlichen Baugenehmigung begegnet Ihnen im Genehmigungsprozess auch noch die sogenannte Baufreigabe. Obwohl es sich dabei um ein eher kleines Detail handelt, hat die Baufreigabe eine enorme Bedeutung: Auch als "roter Punkt" bezeichnet, gestattet Ihnen erst die Baufreigabe, mit den Bauarbeiten tatsächlich zu beginnen. Die Erteilung des roten Punktes ist nochmals an Bedingungen geknüpft, die Sie vorab erfüllen müssen. Typisch ist hier beispielsweise die Benennung eines Bauleiters oder die Beauftragung eines Statikers. Auch diese Forderungen werden als Auflage festgeschrieben.

Ohne Baufreigabe halten Sie dagegen eine Baugenehmigung in Händen, Sie können aber dennoch kein Haus bauen.

Die Bauabnahme

Von vielen Planern und Bauherren gefürchtet, stellt die Bauabnahme durch die Baurechtsbehörde den formalen Abschluss Ihres Bauvorhabens aus Sicht des Amtes dar. Verwechseln Sie diese Abnahme aber niemals mit der privatrechtlichen Abnahme Ihrer Bauleistungen!

Die Baurechtsbehörde prüft lediglich, ob Ihr Wohnhaus entsprechend der genehmigten Pläne gebaut wurde, ob Auflagen aus der Genehmigung umgesetzt wurden und ob auch darüber hinaus alle öffentlich-rechtlichen Belange wie etwa Absturzsicherungen, Brüstungshöhen und viele weitere Details eingehalten wurden.

Im Zuge immer schlankerer Verwaltungsabläufe verzichten viele Behörden heute sogar völlig darauf, Einfamilienhäuser baurechtlich abzunehmen.

Smart-Tipp: Zeit sparen

Informieren Sie sich frühzeitig bei Ihrer zuständigen Baurechtsbehörde, welche Dinge Sie für eine Baufreigabe benötigen. Legen Sie diese Unterlagen gleich Ihrem Antrag bei, sodass Sie gleichzeitig mit der Baugenehmigung auch die Baufreigabe entgegennehmen können.

4.6 Typische Grundrisslösungen

Wenn Sie Ihr Haus planen, wollen und sollen Sie unbedingt Ihre eigenen Wünsche und Vorstellungen umsetzen. Andernfalls werden Sie auf Dauer wenig Freude mit Ihrem Haus haben. Daher finden Sie hier keine ausgearbeiteten Standardgrundrisse für jede Eventualität. Stattdessen lernen Sie einige immer wieder anzutreffende Grundrisstypologien mitsamt ihrer funktionalen Aufteilung kennen. Wichtig ist bei ihrer Betrachtung, dass Sie die einzelnen Bereiche nach Ihren eigenen Bedürfnissen ergänzen, reduzieren oder auch anpassen.

4.6.1 Der Standardgrundriss

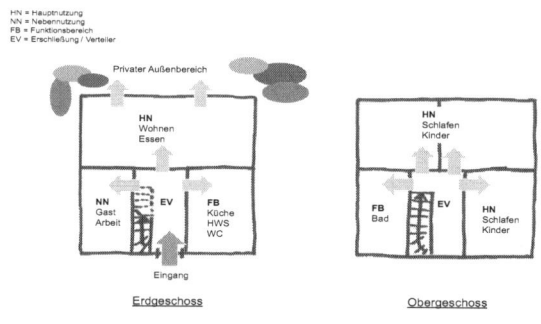

165

4.6.2 Der langgestreckte Grundriss

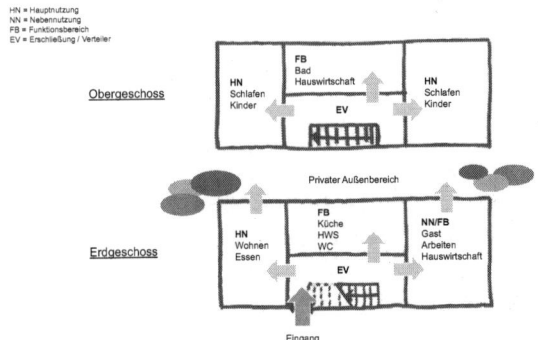

4.6.3 Der Winkelgrundriss

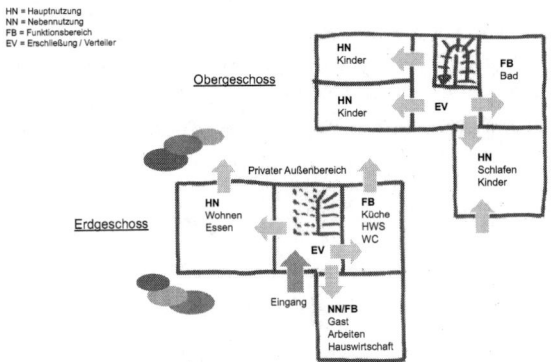

4.6.4 Der Bungalowgrundriss

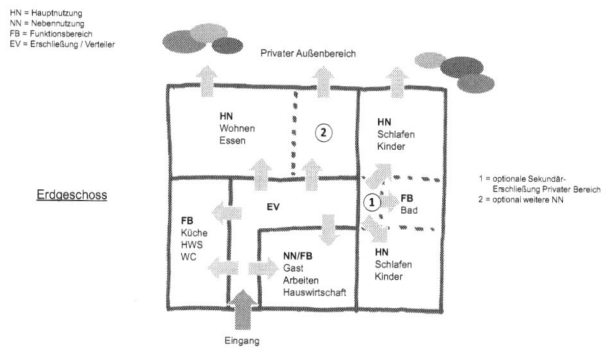

4.7 Bauweisen und Baustoffe

Obwohl Ihr Planer der Experte in Sachen Baukonstruktion und Bauweisen ist, sollten Sie die wesentlichen Standards kennen, denn jede Bauweise hat eigene Vor- und Nachteile. Möglicherweise gewichten Sie einzelne Aspekte anders als Ihr Planer und präferieren daher andere Materialien oder auch Konstruktionen.

4.7.1 Massivbau

Der sogenannte Massivbau gilt im Einfamilienhausbereich nach wie vor als Standard. Die Bezeichnung "massiv" bezieht sich auf die eingesetzten Baustoffe mit hoher Dichte, also vor allem Beton, Ziegel und Stein. Da sich nicht alle Bauteile durchgängig massiv errichten lassen, kommt in nahezu jedem Massivhaus teilweise eine Kombination mit anderen Bauformen zum Einsatz, z.B. bei Dachkonstruktionen aus Holz.

Die größten Entwicklungsschritte im Massivbau erfolgen einerseits bei immer höheren Vorfertigungsgraden von einzelnen Bauteilen für raschere Baufortschritte. Andererseits werden die ursprünglich energetisch wenig wirksamen Baustoffe durch neue Rezepturen oder Konstruktionen immer besser für die zusätzliche Aufgabe der Wärmedämmung aufgestellt.

Vorteile	Nachteile
hohe Speichermasse durch hohes Bauteilgewicht, somit gutes Raumklima durch träge Temperaturwechsel	langsamer Baufortschritt durch Aushärteprozesse und Trocknungszeiten
guter Schallschutz durch hohes Eigengewicht von Decken und Trennwänden	hohe Dämmwirkung und Tragfähigkeit nur in Verbindung mit ergänzenden Baustoffen wie Fassadendämmungen
hohe Belastbarkeit	hoher Flächenverbrauch für tragende Massivbauteile
	Schwind- und Verformungsprozesse beim Austrocknen

Beton

Seit Jahrtausenden bekannt ist Beton heute ein Universalbaustoff für hohe Belastungen und besonders beanspruchte Bauteile. Da Beton selbst nur Druckbelastungen standhält, kommt er im Hochbau immer als Stahlbeton mit zugbelastbaren Stahleinlagen zum Einsatz. Unterschiedliche Rezepturen ermöglichen eine Anpassung der Eigenschaften, wie beispielsweise eine besonders schnelle Aushärtung, ein besseres Fließverhalten für beengte Gießformen, Wasserdichtigkeit oder auch eine farbige Gestaltung durch die Zugabe von Pigmenten.

Obwohl Beton immer noch direkt auf der Baustelle in Formen - sogenannte Schalungen - gegossen wird, steigt der Grad vorgefertigter Bauteile zunehmend. Fertigteile aus industrieller Produktion weisen eine höhere Oberflächenqualität und Maßhaltigkeit auf, da die Prozessumgebung im Fertigteilwerk nicht von Wetter, Temperaturen und sonstigen flexiblen Rahmenbedingungen abhängig ist.

Typische Beispiele für Fertigteile sind Treppenläufe oder auch Deckenplatten. Diese werden meist als "Halbfertigteil" als dünne Platte ohne erforderliche Schalung verlegt und vor Ort um eine weitere Betonschicht ergänzt.

Einsatzbereiche

-       Fundamente

-       Bodenplatten

-       Geschossdecken

169

-   Kellerwände (in Verbindung mit Wärmedämmung und Abdichtung)

-   Stützen, Stürze, Unterzüge und andere konstruktive Bauteile

-   Fertigteile wie massive Treppenläufe oder Balkonplatten

Stärken	Schwächen
Herstellung großformatiger Bauteile ohne Fugen, Stöße etc. möglich	Hohe Dämmwirkung nur durch ergänzende Baustoffschichten
Sehr hohe Belastbarkeit	Mindestdicke für hohe Tragfähigkeit erforderlich, meist mindestens 20 bis 24 cm
Freie Formgebung durch Gießverfahren möglich	Nachträgliche Bearbeitung für Leitungen, Durchbrüche etc. sehr aufwändig (gute Vorplanung wichtig!)
Im Massivbau höchste Spannweiten für Decken, Tür- oder Fensterstürze etc. möglich	Schwinden (Schrumpfen) der Bauteilabmessungen um bis zu 2 % beim Aushärten, bei Decken zusätzlich "Schüsseln", also Aufwölben der Deckenränder um bis zu wenige Zentimeter

Ziegel

Neben Beton dürften Ziegelsteine die wohl bekannteste Form des Massivbaus darstellen. Früher als handli-
che Ziegel aus massivem Ton gefertigt, kommen heute
vor allem großformatige Plansteine aus hochporösen
Tonrezepturen zum Einsatz. So soll das Arbeitstem-
po erhöht, der energetisch unvorteilhafte Fugenanteil
reduziert und die Dämmwirkung der Steine gesteigert
werden. Die immer noch typisch roten bis rotbraunen
Baustoffe werden meist mit einem extrem hohen Anteil immer kleinerer Kanäle bzw. Löcher gefertigt, die
zur Steigerung der energetischen Wirksamkeit immer
wieder mit Dämmstoffen wie Blähton gefüllt werden.

Einsatzbereiche

-       Tragende und nicht tragende Außenwände
        ohne Feuchtigkeit (i.d.R. nicht als
        Kellerwände)

-       Tragende Innenwände

-       Nur noch selten: nicht tragende Innenwände

Stärken	Schwächen
Einfach zu verarbeiten	Keine Feuchteresistenz
Je nach Anforderung hohe Tragfähigkeit oder hohe Dämmwirkung möglich	Bei höherer Dämmwirkung abnehmende Belastbarkeit (Kompromiss)
Gute Möglichkeit für nachträgliche Leitungsschlitze, Durchbrüche etc.	Tragende und dämmende Wände mit hoher Wanddicke, meist ab 36,5 cm und mehr
Heute hohe Maßhaltigkeit bei Einsatz von Plansteinen	Beim Bohren häufig ausbrechende Bohrlochränder, bei angebohrten Hohlkammern auch Ausbrechen der Wandung
Hohes Arbeitstempo	
Nach Fertigstellung: einfacher Einsatz von Nägeln, Dübeln etc.	

Porenbeton ("Ytong")

Eine Alternative zum klassischen Ziegel ist der sogenannte Porenbeton. Unter Einsatz von Bindemitteln, meist auf Kalkbasis, wird Sand zu homogenen Bauteilen geformt. Die Zugabe von Treibmitteln erzeugt dabei winzige Poren, die als abgeschlossene Hohlräume eine enorme Dämmwirkung erzielen.

Im Gegensatz zum "roten" Rohbau mit Ziegeln spricht man hier wegen der typischen Farbgebung der Steine von einer "weißen" Bauweise.

Hinsichtlich der Verarbeitung und der Einsatzmöglich-
keiten ähneln Porenbetonsteine stark dem Ziegel. Allerdings ist Porenbeton wegen seiner klaren Ausrichtung auf die Dämmwirkung zwar für tragende Wände
einsetzbar, für Bauteile ohne Dämmwirkung wird die
Porenbetonbauwiese dagegen meist um Bauteile
aus Kalksandstein ergänzt.

Einsatzbereiche

-       Tragende und nicht tragende Außenwände
        mit Dämmanforderung

Stärken	Schwächen
Einfach zu verarbeiten	Hohes Schwindmaß während der Bautrocknung
Homogener Aufbau ohne Hohlkammern, damit besonders gut für Schlitze etc. ohne Ausbrechen geeignet	Nicht feuchteresistent
Hohe Maßhaltigkeit	Sinkende Tragfähigkeit bei zunehmender Dämmwirkung
Hohes Arbeitstempo durch großformatige Steine	Hohe Wanddicken ab 30 bis 36,5 cm und mehr, hochdämmende Wände bis zu 40 cm
Nach Fertigstellung: gut für einfachen Einsatz von Nägeln, Dübeln etc. geeignet	Hohe Gefahr ausbrechender Bohrlochränder durch sehr weiche Materialbeschaffenheit

Kalksandstein

Dem Porenbeton sehr ähnlich kommen Kalksand-
steine ohne Porenbildner aus und bestehen somit aus einem sehr kompakten Gemisch aus Sand
und einem kalkhaltigen Bindemittel. Sie bieten eine
hohe Belastbarkeit schon bei geringen Wanddicken, jedoch ohne die Kombination mit einer Dämmwirkung.
Wird "weiß" gebaut, kommt Kalksandstein häufig in
Verbindung mit Porenbeton zum Einsatz.

Einsatzbereiche

-	Tragende Innenwände

-	Tragende Außenwände ohne Dämmwirkung
	(nur in Kombination mit Fassadendämmung)

Stärken	Schwächen
Einfache Verarbeitung	Keine Dämmwirkung
Hohe Belastbarkeit	Nicht für punktuelle Bauteile ho-her Belastung (Stützen) geeignet
Einfacher Einbau von Leitungen, Dosen, Schaltern etc. durch Fräsen	
Homogener Aufbau ohne aus-brechende Kanäle oder Löcher	
Hohes Eigengewicht als Spei-chermasse (Wärme, Schallschutz etc.)	
Hohe Feuchtebeständigkeit	

Gipsdielen

Großformatige Blöcke aus einem homogenen Gips-baustoff werden als Gipsdielen bezeichnet. Innerhalb kürzester Zeit lassen sie sich zu Innenwänden ohne tragende Wirkung verkleben. Die besonders glatte Oberfläche macht einen nachfolgenden Putz unnötig, meist reicht eine einfache Spachtelung der Stöße und das flächige Abschleifen.

Einsatzbereiche

- Nichttragende Innenwände

Stärken	Schwächen
Sehr einfache Verarbeitung ohne Spezialwerkzeug und mittels Verkleben	Statisch nicht belastbar, Ent-koppelung zu Decken zwingend erforderlich
Sehr hohe Flächenleistung im Einbau	
Sehr glatte Oberfläche, Tapezie-ren nach spachteln und schleifen ohne Putzauftrag möglich	
Hohes Eigengewicht, somit hohe Speichermasse	
Hohe Tragfähigkeit für Anbau von Bildern, Regalen, Oberschränken etc.	
Mit und ohne Wasserresistenz erhältlich	
Sehr einfach für Installationen zu bearbeiten	

Metallständerwände

Typische Schnellbau-Innenwände sind neben den Gipsdielen auch Ständerwände. Dünnwandige Blechprofile werden mit Plattenwerkstoffen, meist aus Gipskarton, beplankt. Der innere Hohlraum bietet vor dem Ausfüllen mit einer Hohlraumdämmung Platz für vielfältige Installationen.

Einsatzbereiche

- Nicht tragende Innenwände

- Installationsvorwände, Sockel etc.

Stärken	Schwächen
Sehr Hohes Arbeitstempo bei sehr einfacher Baukasten-Bauweise	Keine statische Belastbarkeit möglich
Durch Ergänzung der Beplankungen besondere Anforderungen an Schallschutz, Brandschutz, Feuchträume etc. möglich	Geringe Tragfähigkeit für Regale, Oberschränke etc. (dann zusätzliche Unterkonstruktion erforderlich)
Nach Verspachteln und Schleifen der Stöße tapezier- oder streichfertige Oberfläche	
Hohe Freiheit in der Formgebung (runde Formen aufwändig, aber möglich)	
Veränderungen oder Rückbau sehr einfach möglich	

4.7.2 Holzbau

Abseits traditioneller Bauweisen beschränkten sich Holzkonstruktionen in der Nachkriegszeit mit Ausnahme von Dachstühlen und einfachen Fertighäusern vor allem auf regionaltypische Konstruktionen, wie etwa aus dem Schwarzwald oder Allgäu bekannt. Erst relativ kurz vor dem Jahrtausendwechsel erfuhr der Holzbau eine Art Renaissance, die bis heute anhält. Denn der traditionelle Baustoff in Verbindung mit modernen Verfahrenstechniken bietet einige zukunftsweisende Vorzüge.

Stärken	Schwächen
Hohes Arbeitstempo bei der Errichtung ohne Aushärtungs- oder Trocknungszeiten	Begrenzte Spannweiten mit Standardbauteilen, höhere Anforderungen vor allem über Sonderkonstruktionen möglich
Hoher Vorfertigungsgrad ganzer Wand- und Deckensegmente möglich	Hoher Konstruktionsaufwand für mehrschichtige Bauteile
Hohe Flexibilität durch einfache Bearbeitung	Installationen meist nur durch Vorwände/ Installationsebenen, Leitungsschlitze im Massivbauteil kaum möglich
Geringes Eigengewicht in Relation zur Tragfähigkeit, trotzdem als Massivbaustoff gute Speichermasse	Dauerhaftes "Arbeiten", also schwinden und Quellen des Holzes mit Feuchteveränderungen der Umgebungsluft
Gute feuchteregulierende Eigenschaften	Nicht für erdberührende Wände z.B. im Keller einsetzbar, daher in aller Regel erst ab dem Erdgeschoss auf einem massiven Betonkeller anzutreffen
Gute Dämmeigenschaften des Massivholzes, somit geringe Wärmebrücken bei tragenden Bauteilen	Als Oberfläche hoher Unterhaltungsaufwand, z.B. kurze Intervalle für Anstriche

Holzrahmenbau

Die am weitesten verbreitete Bauform mit Holz ist der sogenannte Holzrahmenbau. Massive Holzbalken bilden tragende Rahmen aus, die mit flächigen Belägen verkleidet werden. Je nach Erfordernis, lassen sich Zwischenräume und ergänzende Bauteilschichten ausbilden und nutzen.

Eine typische Außenwand besteht aus einer tragenden Ebene mit Balken und Dämmung in den Zwischenräumen. Außen folgt eine ergänzende Dämmschicht aus Holzfaserplatten, die beispielsweise als Putzträger fungiert oder mit anderen Fassadenbekleidungen überdeckt wird. Innen bildet eine weitere Ebene aus Latten und einem Plattenbelag aus Gipskarton die Ebene für Installationen und die später sichtbare Wandoberfläche. Je nach Erfordernis kann diese Installationsebene um statisch belastbare OSB-Platten ergänzt werden, um beispielsweise schwergewichtige Oberschränke oder andere Anbauten aufzunehmen.

Einsatzbereiche

- Alle tragenden und nichttragenden Wände

- Geschossdecken

- Dächer

Stärken und Schwächen

Da der Holzrahmenbau die typische Form des modernen Holzbaus ist, decken sich die Stärken und Schwächen mit den bereits allgemein für den Holzbau angeführten Punkten.

Massivholzkonstruktionen

Bekannte Beispiele für Konstruktionen aus massiven Holzkonstruktionen sind Blockhäuser aus behauenen Balken oder sogar den noch erkennbaren Baumstämmen.

Heute lässt sich der massive Holzbau weit weniger plakativ ablesen. Trotzdem gleicht sein Grundprinzip dem vergangener Jahrhunderte: Anstelle einzelner Balken und Stützen, die mit Brettern oder Platten überdeckt werden, reihen sich Holzbalken zu durchgehenden und homogenen flächigen Bauteilen. Häufig wird eine Seite dieser Bauteile als Schauseite gezeigt: bei Außenwänden meist die Außenseite, bei Decken dagegen die Unterseite als sichtbare Holzdecke im darunterliegenden Geschoss. Die jeweils gegenüberliegende Seite des Massivbauteils wird mit weiteren Aufbauschichten für Installationen oder zur schalltechnischen Entkoppelung versehen.

Einsatzbereiche:

- Hauptsächlich tragende Wände und Decken

- Seltener Dächer (Ausnahme: Flachdächer)

Darüber hinaus kommen die meisten der allgemein für den Holzbau angemerkten Vor- und Nachteile auch hier uneingeschränkt zum Tragen.

Holzständerwände

Auch im Holzbau erfahren leichte Ständerwände als nichttragende Innenwände mit der Möglichkeit für innenliegende Installationen eine sehr häufige Verwendung. Im Gegensatz zu den Metallständerwänden des Massivbaus kommen hier allerdings üblicherweise Holzständer anstelle der vorgefertigten Metallprofile zum Einsatz. Sowohl die Vorteile als auch die Schwächen dieser Konstruktionsweise gleichen denen des Pendants aus dem Massivbau.

Stärken	Schwächen
Hohes Eigengewicht, somit hohe Speichermasse (Wärmehaushalt, Schallschutz)	Hoher Planungsaufwand, da Einschlitzen von Leitungen etc. nicht möglich
Hohe Belastbarkeit	Wegen geringer Verbreitung relativ hohe Kosten
Gute bauphysikalische Eigenschaften	

4.7.3 Stahl im Einfamilienhaus

Der sichtbare Einsatz von Stahl am Bau liegt seit geraumer Zeit im Trend. Neben Holz, Beton und Mauerwerk zeigt man Stahlbauteile in unterschiedlichster Verwendung, entweder beschichtet oder als rostfreie Ausführung in Edelstahl. Während öffentliche und gewerbliche Gebäude immer wieder als komplette Stahlkonstruktion entstehen, hat sich Stahl im Einfamilienhaus nie für die Gesamtkonstruktion durchgesetzt.

Wenn Sie Ihr Haus bauen, werden Sie Stahlbauteile daher vor allem in diesen Bereichen antreffen:

- Einzelne Stützen und Träger bei besonders hohen Belastungen, z.B. durch hohe Spannweiten

- Tragende Konstruktionen von flächigen Glasfassaden

- Als nicht sichtbaren Bewehrungsstahl ("Armierung") in Betonbauteilen

- Für Einzelkonstruktionen, z.B. für Vordächer oder Balkone

- Als Geländer, Handläufe und andere "Ausführungsdetails"

Smart-Tipp: Mehr Stahlbau wagen

Stahl bietet Ihnen im Gegenzug zu vergleichsweise hohen Kosten eine unschlagbare Belastbarkeit in Relation zum eigenen Gewicht. Außerdem erhalten Sie durch freie Formen und eine enorme Bandbreite möglicher Oberflächen von gewolltem Rost bis hin zur glänzenden Hochglanzlackierung unzählige gestalterische Möglichkeiten. Ob "üblich" oder nicht, beziehen Sie diesen vielseitigen Baustoff in Ihre Überlegungen ein und verschaffen Sie sich ganz neue Blickwinkel für die Planung und die Umsetzung Ihres Traumhauses.

4.7.4 Die Fassade

Neben dem Innenleben aller Bauteile Ihres Hauses spielt natürlich eine Sache eine wesentliche Rolle, wenn Sie Ihr Haus planen: Die Optik. Die äußere Gestaltung definiert sich neben dem Baukörper selbst ganz wesentlich durch die Fassade, also das außen sichtbare Material Ihrer Außenwände. Lernen Sie hier die gängigen Fassadenmaterialien einschließlich ihrer Vorzüge und Problembereiche kennen:

Putz

Wohl das am weitesten verbreitete Fassadenmaterial ist Putz. Ob als mineralischer Kalk- oder Kalkzementputz oder als organischer Acrylharzputz bietet Ihnen dieses Material eine enorme optische Vielfalt. Meist kommt Putz mit einer gewissen Körnung zum Einsatz, sodass kleinere Fehlstellen oder Schäden nicht ins Auge fallen. Je feiner die Körnung ausfällt, umso weniger tritt sie ins Auge, umso exakter muss aber auch gearbeitet werden.

Je nach Vorliebe lassen sich glatte Flächen ebenso herstellen, wie unterschiedlich stark ausgeprägte Strukturen. Gängige Methoden der Oberflächenbehandlung sind:

- Filzputz, flächig geglättet

- Kratzputz mit gewollten Fehlstellen zur Strukturbildung

- Strukturputze, z.B. mit Rillen, Kreismustern oder anderen individuellen Ausprägungen

Stärken	Schwächen
Auf jedem Untergrund anwendbar, ggf. mit entsprechender Vorbereitung	Je stärker die Strukturierung, desto rascher die Verschmutzung
Nahezu beliebig einfärbbar	Schäden nur schwer unsichtbar auszubessern
Spätere Farbveränderung durch Überstreichen problemlos möglich	In Verbindung mit Wärmedämmung schwierige Entsorgungssituation bei späterer Sanierung

Holz

Ob Massivbau oder Holzbau, Holzfassaden erzeugen eine heimelige, oft naturnahe Escheinung. Häufig kommen senkrechte oder waagerechte Holzbretter unterschiedlicher Breite und Profilierung zum Einsatz. Die Spanne der Farbgebungen reicht von unbehandelten Naturhölzern bis hin zu deckend lackierten Oberflächen im gesamten Farbspektrum.

Der Aufwand für Holzfassaden ist vergleichsweise hoch, da die Bretter immer eine Unterkonstruktion aus Latten benötigen. Dazu kommt häufig eine wasserdichte Ebene in Form einer Folie oder eines Grundputzes, da Holzfassaden üblicherweise zur Ableitung von Feuchtigkeit mit einigen Zentimetern Abstand zur Wand montiert werden.

Stärken	Schwächen
Besonders naturnahe Erscheinung	Hoher konstruktiver Aufwand
Nachwachsender Rohstoff	Hohe Aufbaustärke
"Lebende" Fassade durch Alterung des Holzes	Hohe Kosten
	Bei Farbbeschichtung kurze Instandsetzungsintervalle

Fassadenplatten

Zuletzt haben sich heute verschiedenste Plattenwerkstoffe ihren Weg von den öffentlichen oder auch gewerblichen Gebäuden in den Wohnhausbau geebnet. Obwohl viele dieser Werkstoffe am Wohnhaus zunächst ungewöhnlich anmuten mögen, können Sie bei überlegter Verwendung ein individuelles und auch technisch vorteilhaftes Haus bauen, das sich bewusst vom Durchschnitt der Masse abhebt.

Unabhängig vom Plattenmaterial fällt der Aufbau dem einer Holzfassade vergleichbar aus. Je nach Plattengröße kann jedoch der Aufwand für die Unterkonstruktion geringer oder auch deutlich höher ausfallen. Was bleibt, ist die in aller Regel notwendige zusätzliche Ebene für den Aufbau der Platten mit einer wasser- und feuchteableitenden Hinterlüftung.

Typische Plattenwerkstoffe sind:

- Holzfaserplatten mit Harzbindung

- Holzfaserplatten mit Zementbindung

- Metallpaneele, vor allem als Well- oder Trapezblech

- Betonplatten

- Vorsatzfassaden in Klinkeroptik (dünne Betonplatten mit eingelegten Klinkerriemchen, um eine Mauerwerksoptik zu erzeugen)

Da diese Fassadenplatten im Werk fertig produziert werden, kann ein deutlich höherer Standard in Sachen Oberflächenqualität und Haltbarkeit erreicht werden. Das bedeutet für Sie, dass über die Lebensdauer der Platten hinweg neben der Reinigung keine weitere Instandsetzung in Form von Farben, Beschichtungen oder Ähnlichem anfällt. Erkauft wird dieser Vorteil dagegen mit der Schwierigkeit, dass die Platten auf der Baustelle nur noch bedingt angepasst werden können. Sondermaße oder sogar Sonderformen müssen bereits vorab geplant und im Werk passend hergestellt werden.

Wegen der im Wohnhausbau benötigten geringen Mengen liegen diese Plattenfassaden in aller Regel kostenmäßig deutlich über den "Standards", die beim Hausbau vielfach angewendet und in großer Menge produziert werden.

4.8 Die Haustechnik

Wenn Sie ein Haus bauen, wollen Sie selbstverständlich nicht nur eine funktionierende Gebäudehülle. Diese soll selbstverständlich auch mit Leben gefüllt werden. Damit auch Ihr zukünftiges Heim als Lebensmittelpunkt funktioniert, kommt es auf eine entsprechende Ausstattung mit haustechnischen Anlagen an. Da sich die technischen Standards mit rasanten Schritten weiterentwickeln, finden Sie hier zunächst Informationen zu den Basics und verschiedenen Möglichkeiten, die anstehenden Aufgaben technisch umzusetzen. In Kapitel 6 Innenausbau erfahren Sie außerdem weitere hilfreiche Tipps und Hinweise rund um die Haustechnikplanung und Überlegungen zur optimalen Aufstellung aller Systeme.

4.8.1 Die Elektroinstallation

Strom ist heute die treibende Kraft schlechthin, um die Funktionen Ihres Wohnhauses am Leben zu erhalten. Von der Zentralheizung über elektrische Rollläden bis hin zur Türsprechanlage verbindet elektrische Energie Funktionalität mit Komfort. Kein Wunder also, dass die Elektroinstallation ein Hauptpfeiler Ihrer Gebäudetechnik ist. Andererseits wird die Elektroinstallation, gerade weil sie so grundlegend und selbstverständlich ist, häufig vernachlässigt. Mit dem Wissen um die grundlegenden Basics können Sie nicht nur mitreden, sondern guten Gewissens entscheiden und die Richtung bestimmen.

Grundsätzliches zur Elektroinstallation

Der Elektroinstallation im engeren Sinne gehören alle Installationen an, die der Versorgung mit Strom sowie deren Steuerung dienen. Das sind die bekannten Stromleitungen, Steckdosen, Lichtanschlüsse und Schalter.

Neben der eigentlichen Stromversorgung zählen zur Elektroinstallation aber auch verschiedene weitere Installationen, die letztlich nicht der Energieversorgung dienen, die sich der Elektrizität aber als Informationsträger bedienen:

- Automatische Heizungsthermostate

- Klingel- und Freisprecheinrichtung

- Telefonleitungen

- TV-Leitungen

- Datenverkabelungen

Ausgehend von der Versorgungsleitung in Ihr Wohnhaus übernimmt ein Verteilerkasten die Aufteilung
des Stroms auf einzelne Kreisläufe. Jeder Kreislauf
versorgt entweder ein einzelnes Zimmer oder aber
stromtechnisch besonders schützenswerte Einzelob-
jekte wie Backofen, Heizung, Sauna etc. Bei großen
Gebäuden können außerdem weitere Unterverteiler
nochmals feinere Untergliederungen vornehmen. Allerdings reicht heute durch moderne Verteiltechnik
in aller Regel ein allumfassender Hauptverteiler aus,
der typischerweise im Bereich des Haustechnikrau-
mes seinen Platz findet.

Schalter und Steckdosen

Die wohl bekannteste und für Ihr späteres Leben auch
wichtigste Aufgabe in Verbindung mit der Elektroinstallation ist die Platzierung von Schaltern und Steckdosen. Bei den Lichtschaltern fällt die Wahl des
"richtigen" Ortes wohl am einfachsten aus: Üblicherweise liegen sie in geeigneter Griffhöhe neben der
Öffnungsseite der Tür.

Bei Steckdosen ist das dagegen nicht ganz so einfach.
Hier hängt das Optimum wieder einmal stark von Ihrer
Lebensweise und Ihren Gewohnheiten ab. Trotzdem
können Sie mit einigen grundlegenden Planungstipps
sowohl beim Licht als auch bei der Stromversorgung
nur noch wenig falsch machen:

-     Steckdosen kann man nie genug haben

-     Gerade in Funktionsbereichen (z.B. Küche)
  großzügig planen und nochmals einige
  Steckdosen zusätzlich verteilen

- Höhe der Steckdosen beachten! Betten, Regale und Schränke können falsch platzierte Steckdosen leicht verdecken

- Gartensteckdosen für Terrasse, Schuppen, aber auch für spätere Gartennutzung (Pool, Musik, Licht etc.) berücksichtigen

- Jedem Lichtschalter eine Steckdose zuordnen (geringer Mehraufwand durch Kombielement, jedoch immer freie Dose für Staubsauger etc. vorhanden)

- Lichtschalter immer so platzieren, dass sie aus einem gut beleuchteten Bereich heraus zugänglich sind

- Einzelne Leuchten mit Bewegungsmelder ausstatten, um z.B. nachts für die Kinder die umständliche Schaltersuche zu vermeiden

Smart-Tipp: die Reichweite der Elektroinstallation steigern

Gartensteckdosen und Außenbeleuchtungen sind heute Gang und Gäbe. Je mehr Sie sich im Freien aufhalten, desto eher wollen Sie vielleicht auch die Klingel oder das Telefon draußen hören. Erweitern Sie Ihre Installation daher um eine Gartenklingel oder eine über das Smartphone abrufbare Kamera, um selbst im Garten jederzeit den Überblick über Besuch, Postbote oder Lieferdienste zu behalten.

Wechselstrom oder Drehstrom?

Beim Thema Elektroinstallation hört man immer wieder die unterschiedlichsten Begriffe und Werte, die Sie ohne Fachkenntnis schnell durcheinanderbringen können. Hier sortieren wir einmal die gängigen "Stromarten" und Stromspannungen:

Wechselstrom

Der normale Strom einer jeden Stromleitung in Ihrem Haus ist Wechselstrom. Der Name gibt an, dass die Fließrichtung in der Leitung wechselt - und zwar 50 Mal pro Sekunde. Die typischen Steckdosen für diesen Strom erkennen Sie an zwei Löchern, in die die zwei Pole des Steckers passen. Außerdem sorgt am Steckdosenrand ein blanker Kontakt für die Erdung, also für die Absicherung Ihrer Installation gegenüber dem Erdreich.

Die normale Spannung im Wechselstromnetz beträgt 230 Volt.

Alle gängigen Geräte rund um Haushalt, Unterhaltungselektronik etc. sind auf 230 Volt Wechselstrom ausgerichtet. Benötigt beispielsweise ein Laptop Gleichstrom in niedrigerer Spannung, sorgt der im Kabel des Gerätes integrierte Transformator ("Trafo") für die Anpassung der Spannung aus Ihrer Leitung.

Drehstrom

Vor allem Hobbybastler, Hobbygärtner oder mittlerweile auch die Fahrer von Elektroautos kennen neben dem normalen Wechselstrom auch den sogenannten Drehstrom. Dabei handelt es sich um die roten runden Stecker und Steckdosen mit einer höheren Anzahl an Kontakten, als sie beim Wechselstrom vorhanden sind. Letztlich handelt es sich bei Drehstrom ebenfalls um Wechselstrom, allerdings mit einer zusätzlichen dritten "Phase". Das für Sie wichtige Resultat ist neben anderen Leitungen und Steckern eine höhere Spannung von 400 Volt. Drehstrom kommt überall dort zum Einsatz, wo mehr Energie benötigt wird. Im Haushalt kann das beispielsweise hier der Fall sein:

-    Gartenhäcksler

-    Hochdruckreiniger

-    Ladestation des Elektroautos ("Wallbox")

-    Sonderinstallationen wie Pooltechnik etc.

So können Sie trotz Strom ein sicheres Haus bauen

Elektrische Energie bietet bei falschem Umgang, bei Schäden an Geräten oder aber bei einer fehlerhaften Installation ein enormes Gefahrenpotential. Strom stört den menschlichen Organismus bis hin zum Herzstillstand und erheblichen Verbrennungen. Außerdem können Hitze und Funken innerhalb kürzester Zeit ein Gebäude in Brand setzen.

Der erste Baustein einer sicheren Elektroinstallation ist die Erdung. Sicher kennen Sie den Effekt, wenn beispielsweise die statische Aufladung Ihres Wollpullovers beim Berühren einer Türklinke aus Metall Ihnen einen leichten Stromschlag versetzt. Bei elektrischen Installationen wäre die Aufladung und auch der resultierende Stromschlag ungleich stärker und damit tatsächlich gefährlich.

Jede Steckdose und jede Installation ist daher über die sogenannte Erdung - das ist eine der im Elektrokabel enthaltenen Einzelleitungen - mit dem Fundament Ihres Hauses und somit mit dem Erdreich verbunden. Ladungen bauen sich so nicht mehr in einzelnen Komponenten auf, sondern fließen permanent und sicher ab.

Das zweite Standbein Ihrer Installation ist die Absicherung. Verändert sich die Spannung in der Stromleitung, löst die Sicherung aus und schaltet den Stromkreislauf ab. Zu Spannungsveränderungen führen zum Beispiel Defekte, oder aber eine Stromentnahme über die Belastungsgrenze Ihres Leitungsnetzes hinaus.

Üblicherweise werden diese Sicherungen unmittelbar im Verteilerkasten installiert. Jede Sicherung schützt einen Stromkreislauf, also meist ein Zimmer. Darüber hinaus bietet heute ein sogenannter FI-Schutzschalter eine allumfassende Überwachung der Gesamtinstallation und erhöht die Schutzwirkung nochmals.

Während die "normalen" Sicherungen vor allem auf den Schutz der Installation vor Überspannung abzielen, liegt die Auslöseschwelle des FI-Schutzschalters so niedrig, dass eine Gefahr für Sie und Ihre Familie sicher unterbunden wird.

Leerrohre - Wozu?

Ist Ihnen schon einmal aufgefallen, dass auf Baustellen immer wieder Unmengen an dünnen flexiblen Kunststoffrohren in Decken und Wände eingebaut werden? Dabei handelt es sich um sogenannte

Leerrohre. Durch diese Leitungen fließt kein Wasser oder Abwasser - sondern Strom. Genauer gesagt dienen die Rohre dazu, die eigentlichen Stromkabel aufzunehmen. Ihr großer Vorteil dieser Art der Installation ist es, Leitungen erst nach Abschluss der Rohbauarbeiten ohne erneute Eingriffe in die fertigen Bauteile einschieben und auch in späteren Jahren problemlos austauschen zu können.

Gerade im Bereich der Datentechnik erhalten Sie so eine früher nicht bekannte Flexibilität, Ihr System einfach und mit geringem Aufwand zu modernisieren und etwa an neue Leitungstypen anzupassen.

Smart-Tipp: Mehr Leerrohre für weniger Aufwand

Der Griff zu Leerrohren ist vor allem bei den Leitungen nahezu als Standard anzusehen, die in Betonbauteilen wie Deckenplatten oder auch Betonwänden vorgesehen sind. Mauerwerk wird dagegen immer noch recht häufig aufgeschlagen, um die Kabel in nachträglich geschaffene Leitungsschlitze einzulegen.

Je umfassender Sie Leerrohre nutzen, desto weiter lässt sich die Flexibilität Ihrer Installationen ausdehnen. Mit etwas Mehraufwand bei den Leerrohren lassen sich alle Steckdosen, Schalter etc. entsprechend anbinden und Sie behalten auch nach Jahrzehnten noch die Chance auf einfache und schnelle Anpassungen und Veränderungen.

Photovoltaik

Wenn es um Elektrizität im Eigenheim geht, ist heute der Begriff der Photovoltaik meist nicht fern. Daher darf dieses zukunftsweisende Thema an dieser Stelle natürlich nicht fehlen.

Photovoltaik bezeichnet die Erzeugung von elektrischer Energie aus Sonnenlicht - und hat daher mit der Elektroinstallation Ihres Wohnhauses zunächst einmal nichts zu tun. Allerdings wäre es geradezu rückständig, wenn Sie Ihr Haus planen und sich in diesem Rahmen nicht zumindest mit der Möglichkeit der Selbstversorgung auseinandersetzen.

Der immer noch am weitesten verbreitete Weg der Photovoltaiknutzung ist die Erzeugung der Energie für den anschließenden Verkauf an die Netzbetreiber. Ähnlich einer Solaranlage zur Warmwassererzeugung sitzen in aller Regel auf dem Dach Ihres Hauses Photovoltaikmodule in Form einer glatten glasähnlichen Fläche. Hier entsteht der elektrische Strom als Gleichstrom. Im Technikraum oder auch unter dem Dach befinden sich dann Wechselrichter, die den erzeugten Strom zum im Stromnetz gebräuchlichen Wechselstrom "umbauen". Anschließend erfasst ein Stromzähler die erzeugte Menge, bevor die Energie in das öffentliche Stromnetz eingespeist wird. Sie erhalten dafür eine vom Gesetzgeber festgeschriebene Einspeisevergütung - Sie verdienen also Geld.

Die zweite Möglichkeit ist dagegen die Eigenverwertung des auf Ihrem Dach gewonnenen Stroms. Das bereits beschriebene System wird um Akkus ergänzt, die die Energie aufnehmen und bis zur Weiterverwendung speichern. Die große Herausforderung beim Eigengebrauch Ihres Stroms ist es, den unregelmäßig in Abhängigkeit von der Sonnenein-strahlung erzeugten Strom so gleichförmig und flexi-bel nutzbar zu machen, wie es Ihr Verbrauch vorgibt. Nor-malerweise besitzt Ihr Haus daher trotzdem weiterhin einen Anschluss an die öffentliche Stromversorgung, um Spitzenverbräuche abzudecken oder bei bedeck-tem Himmel ersatzweise einzuspringen.

Smart-Tipp: Strom als Kleingewerbe

Trotz der Sicherheit einer eigenen Stromproduktion ist Ihnen möglicherweise der Aufwand für das Speichern und Nutzbarmachen Ihrer selbst erzeugten Energie zu hoch. Auch wenn die Einspeisevergütungen für verkauften Solarstrom kontinuierlich sinken, betrei-ben Sie durch den Verkauf ein Kleingewerbe. Dieses eröffnet Ihnen deutliche Steuervorteile, sodass die Anschaffung einer Photovoltaikanlage weiterhin renta-bel sein kann. Informieren Sie sich hier frühzeitig bei Ihrem Steuerberater, oder nehmen Sie die Dienste der verschiedenen Beratungsstellen in Anspruch.

Datentechnik - das gleiche Gewerk, jedoch kein Strom

Das Installationsvolumen von Datentechnik nimmt trotz WLAN und Bluetooth weiterhin zu. Gerade, weil sich die technischen Standards hier weit schneller entwickeln, als in allen anderen Haustechnikbereichen, lassen sich kaum allgemeingültige Hinweise und Tipps zusam-menstellen. Behalten Sie bei Ihren Überlegungen je-doch folgende Grundsätze im Hinterkopf:

- Festinstallationen sind gegenüber Störungen weit unempfindlicher als Funknetzwerke

- Stahlbetondecken und -wände schränken die Reichweite von Funknetzwerken erheblich ein

- Leerrohre erhalten die Flexibilität bei Neuerungen der Leitungstechnik

- Universelle Datenkabel (CAT5 oder CAT7) ermöglichen die Verwendung für Internet, Telefonie und TV

- Über eine (Doppel-)Datensteckdose je Zimmer erhalten Sie sich die Chancen einer flexiblen Raumnutzung sowie späterer Veränderungen

4.8.2 Die Sanitärinstallation

Kaltes und warmes Wasser sind die Kernelemente der Sanitärinstallation. Was zunächst sehr simpel klingt, erweist sich allerdings im Detail als komplex und umfangreich.

Grundsätzliches zur Sanitärinstallation

Allgemein gesprochen verfügt Ihr Wohnhaus im Rahmen der Sanitärinstallation über drei getrennte Leitungsnetze. Die Leitungen für kaltes und warmes Wasser verlaufen zwar in aller Regel parallel und steuern dieselben Verbrauchsstellen an. Sie sind jedoch vollständig getrennt. Das dritte Netz dagegen übernimmt sowohl kaltes als auch warmes Wasser nach der Nutzung und führt es der öffentlichen Kanalisation zu - die Abwasserleitungen.

Der für Sie prägnanteste Teil ist der Übergang vom Frisch- zum Abwassersystem. Denn hier findet die Nutzung des Wassers statt, sei es als Wasch- oder Spülbecken, als Toilette oder auch als Dusche oder Badewanne.

Leitungen - die unsichtbare Installation

Die Zeiten von bleihaltigen Gussrohren gehören zum Glück seit Langem der Vergangenheit an. Stattdessen finden Sie heute im Rahmen der Sanitärinstallation vor allem Kunststoffrohe und -schläuche. Der große Vorteil dieser Materialien ist ihre Flexibilität, die einfache Verarbeitung und die deutlich geringere Wärmeleitfähigkeit. Für Sie als Nutzer wirkt sich das mit einer einfacheren, schnelleren und damit kostengünstigeren Installation aus. Darüber hinaus verlieren Kunststoffleitungen weniger Wärme an die Umgebung und neigen weniger stark zur Kondensatbildung.

Warmwasserleitungen müssen heute vorschriftsgemäß mit einer Wärmedämmung versehen werden, um den Energieverlust im Betrieb zu minimieren. Aber auch Kaltwasser- und Abwasserleitungen sollten im Bereich der Wohnräume umhüllt werden. Einerseits kann in kalten Leitungen kondensierende Feuchtigkeit zu schleichenden Schäden führen, andererseits erzeugen Wasser, Abwasser und mitgeführte Fremdstoffe enorme Geräusche, die Ihre Wohnräume beeinträchtigen.

Ein wiederkehrendes Thema sind außerdem Legionellen. Vor allem in warmem Wasser vermehren sich die immer im Wasser vorhandenen Erreger, sobald über eine gewisse Zeit keine Wasserbewegung erfolgt. Sicherheit schaffen Sie, indem Ihre Installation auf Stichleitungen ohne Rücklauf verzichtet.

Armaturen - die Verbindung zwischen unsichtbar und sichtbar

Für die eigentliche Sanitärinstallation ist zunächst unerheblich, ob unter Ihrer Ausgabearmatur ein Waschbecken, eine Dusche oder auch eine Badewanne folgt. Die Armatur selbst macht aber einen deutlichen Unterscheid in Nutzungskomfort und Nutzungssicherheit.

Früher Gang und Gäbe und heute immer wieder als nostalgische Erinnerung an frühere Zeiten zu finden, haben Zweihebelmischer einige deutliche Nachteile. Für Kalt- und Warmwasser verfügen diese Armaturen jeweils über einen eigenen Hebel. Wird nur der Heißwasser-Hebel betätigt, besteht die Gefahr von Verbrühungen durch das zu heiße Wasser. Mischen Sie durch das Öffnen beider Hebel die optimale Temperatur, steigt der Wasserverbrauch enorm.

Standard sind daher seit langem Einhebelmischer. Durch Drehen nach links oder rechts regeln Sie die Temperatur, während nach oben und unten die Durchflussmenge reguliert wird. Diese Art der Armatur gilt sowohl als besonders sicher und ist auch einfach und komfortabel in der Anwendung.

Abseits dieser zwei grundsätzlichen Funktionalitäten finden Sie vor allem im Bereich der Badausstattung unterschiedlichste Armaturenformen. Vor allem Komfort und Entspannung stehen heute im Mittelpunkt vieler Konstruktionen, sei es als Massagestrahl, Regendusche oder sonstige Sonderformen. Besonders innovative Objekte sind darüber hinaus aber auch in der Lage, den Wasserverbrauch ohne Komforteinschränkungen deutlich zu reduzieren.

Smart-Tipp: Energiespararmaturen

Normale Einhebelarmaturen erzeugen in Mittelstellung ein Gemisch aus Kalt- und Warmwasser. Da die meisten Menschen aus optischen Gründen diese Hebelstellung unbewusst bevorzugen, wird bei kurzen Kaltwasserentnahmen immer auch die Warmwasserleitung einbezogen und unnötige Energie wird verschwendet. Spezielle Energiespararmaturen nutzen in Mittelstellung lediglich kaltes Wasser und mischen erst dann warmes Wasser hinzu, wenn Sie den Mischhebel bewusst aus der Mitte bewegen.

Grauwassernutzung - was, warum und wie?

Grauwasser ist Regenwasser, also Wasser ohne nachgewiesene Trinkwasserqualität. Nahezu jedes Wohnhaus nutzt es für die Gartenbewässerung. Aber haben Sie schon einmal darüber nachgedacht, Ihre Toilette mit Regenwasser zu spülen? Ist Ihre Zisterne ausreichend groß dimensioniert, ermöglicht ein Hauswasserwerk mit Pumpe über separate Leitungen den Transport des Regenwassers genau dorthin, wo Sie es nutzen wollen. Für den Fall einer leeren Zisterne besteht außerdem immer die Möglichkeit des Umschaltens auf die klassische Versorgung über das Trinkwassernetz.

Neben der Toilette sind heute auch Systeme zum Wäschewaschen mit Grauwasser bekannt. Ebenso finden sich immer wieder Planungen, die selbst gering verschmutztes Wasser aus Waschbecken oder Dusche zur WC-Spülung wiederverwenden. Allerdings haben Sie trotz der "geringen" Verschmutzung dieser Abwässer eine deutliche Belastung auf Leitungen und Armaturen in Form von Schmutz, Seife und Reinigungsmitteln. Zudem stellt sich die Frage, ob Sie tatsächlich in Ihrer Toilette den Schaum des letzten Vollbades finden wollen.

Smart-Tipp: Grauwasser mit Augenmaß nutzen

Die Grauwassernutzung ist ökologisch sinnvoll und spart bares Geld. Sie gewinnen jedoch wenig Nutzen, wenn Sie zu viele Verbraucher anschließen und regelmäßig auf die Leitungsversorgung umschalten müssen. Konzentrieren Sie Ihre Einsatzgebiete daher auf einige wenige Verbrauchsstellen wie etwa die Gartenbewässerung und die Gästetoilette. So hält sich der Installationsaufwand im Rahmen und Sie können bereits nach kurzer Zeit von den erzielten Einsparungen profitieren.

4.8.3 Heizungstechnik

Wärme ist heute untrennbar mit dem Wohnen verbunden. Einerseits steht sie für Behaglichkeit und Komfort, andererseits macht sie einen großen Teil Ihres zukünftigen Energieverbrauches aus.

Es verwundert daher nicht, dass die moderne Hei-
zungstechnologie heute eine extrem weit entwick-
elte Komponente Ihrer haustechnischen Installationen darstellt. Wenn Sie ein Haus planen, wird
Ihre zukünftige Heizung in Sachen Technik und
Ausstattung sicherlich einen großen Teil Ihrer Überlegungen für sich beanspruchen.

Grundsätzliches zur Heizungstechnik

Die effektivste Form der Gebäudebeheizung erfolgt über
warmes Wasser. Von einer zentralen Heizungsanlage
erwärmt, wird es zunächst in einem Speicher aufbe-
wahrt und je nach Bedarf entnommen und zur jeweiligen Heizfläche transportiert. Dort erkaltet fließt es
zurück und steht dem Kreislauf erneut zur Verfügung.
Die Entscheidung über Effizienz und Komfort Ihrer
Gebäudeheizung treffen Sie nicht mit dieser grundlegenden Entscheidung für den bewährten Standard,
sondern viel mehr bei der Frage, mit welchen technischen Komponenten Sie dieses System ausstatten.

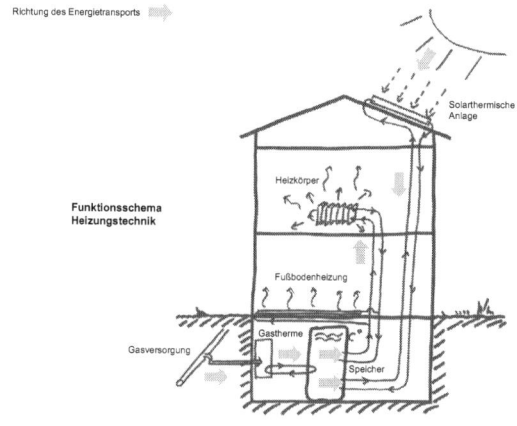

Richtung des Energietransports

Solarthermische
Anlage

Heizkörper

Funktionsschema
Heizungstechnik

Fußbodenheizung

Gastherme

Gasversorgung

Speicher

Regenerative Energien - ein "Muss" mit echten Vorzügen

Erneuerbare Energien sind heute in aller Munde. Tatsächlich kommen Sie um regenerative Energieträger in der einen oder anderen Form nicht mehr herum. Denn der Gesetzgeber hat bereits vor vielen Jahren entschieden, dass Sie nur dann ein Haus bauen dürfen, wenn Sie einen Anteil Ihrer Heizwärme ohne den Griff zu fossilen Brennstoffen erzeugen.

Darüber hinaus erfüllen Sie mit der Entscheidung zu nachhaltigen Energien aber nicht nur eine gesetzliche Vorgabe. Über die Besteuerung von Öl und Gas greift der Gesetzgeber aktiv in die Heizungstechnik ein und macht Holzpellets, Wärmepumpen und andere Techniken auch finanziell für Sie interessant. Ergänzt um Fördermittel der KfW tun Sie also nicht nur der Umwelt etwas Gutes, Sie setzen auch für sich selbst voll und ganz auf die Zukunft.

Heizungsanlagen im Überblick

Welche Heizung ist "die Richtige"? Diese Entscheidung kann Ihnen niemand abnehmen. Allerdings können Sie anhand der individuellen Vorzüge selbst entscheiden, welches System für Ihr Gebäude am geeignetsten erscheint.

Die Gastherme

Die Gastherme galt lange Jahre als Effizienzwunder. Zukunftsweisend lässt sie sich nur noch in Verbindung mit Biogas oder mit ergänzenden regenerativen Systemkomponenten zum Einsatz bringen.

Stärken	Schwächen
Kleines Baumaß, für Einfamilienhaus ca. kühlschrankgroß	Einsatz vor allem mit Erdgas, also mit fossilem Brennstoff
Durch Brennwerttechnik (Nutzung der Abgaswärme) Effizienz nahe 100 %	Keine staatlichen Förderprogramme
Sehr langlebig, wartungsarm und emissionsarm	
Gut mit solarthermischen Modulen oder Holzeinzelöfen kombinierbar	

Die Öltherme

Die klassische Ölheizung ähnelt heute sehr stark der Gasheizung. Allerdings wird ihr Einbau durch staatliche Einschränkungen mehr und mehr erschwert.

Stärken	Schwächen
Baugröße und Effizienz nahe der Gastherme	Höherer Wartungsaufwand als Gastherme
Bewährte Technik mit jahrzehntelanger Erfahrung	Betrieb nur mit sperrigen Tanks möglich
	Einbau ab 2024 nur noch in Verbindung mit regenerativen Komponenten möglich
	Höhere Schadstoffemissionen als Gastherme

Holz - Pellets, Hackschnitzel, Scheitholz

Komplett auf regional erzeugte nachwachsende Rohstoffe setzt eine zentrale Holzheizung. Je nach Verarbeitungsgrad zu Scheitholz, Hackschnitzeln oder Holzpellets steigt der Komfort für Sie, der ökologische Fußabdruck verschlechtert sich jedoch durch die immer stärkere Verarbeitung.

Stärken	Schwächen
Regionaler Brennstoff	Hoher Wartungs- und Reinigungsaufwand
Keine Abhängigkeit vom Öl- und Gasmarkt	Hoher Platzbedarf für Heizungsanlage und Brennstofflagerung
Vollständig regenerativer Energieträger	Vollständige Automatisierung nur bei Holzpellets möglich
Gute Fördermöglichkeiten	

Wärmepumpen - ohne Brennstoff zur Heizwärme

Wärmepumpen gehen noch einen Schritt weiter als Holzheizungen und machen sich Energie zu Nutze, die weder nachwachsen noch in irgendeiner Form aufbereitet werden muss. Unter Einsatz von Strom als Hilfsenergie greifen die verschiedenen Systeme zu Umweltwärme und machen sie für Ihr Wohnhaus nutzbar. Dabei werden geringe Temperaturen, ähnlich einem rückwärts laufenden Kühlschrank, mittels Kompression und Dekompression auf die für Sie erforderlichen Temperaturen angehoben.

Die Luftwärmepumpe

Die einfachste Form einer Wärmepumpe ist die Luftwärmepumpe. Sie nutzt die Außenluft und entzieht ihr Wärme. Den sehr geringen Aufwand ohne nennenswerte Erd- und Rohbauarbeiten erkaufen Sie mit einem Außengerät vergleichbar dem einer Klimaanlage. Außerdem fällt der Wirkungsgrad mit den Außentemperaturen, sodass eine im Winter am wenigsten effiziente Anlage zur Verfügung steht, um Ihren höchsten Wärmebedarf zu decken.

Die Wasserwärmepumpe

Eine Wasserwärmepumpe setzt auf die ganzjährig relativ konstante Temperatur des Grundwassers. Über einen Förderbrunnen nach oben transportiert, lässt sich die Wärme über einen Wärmetauscher einfach entnehmen. Das Grundwasser wird dann über eine Rückspeisung wieder zurück in den Boden gegeben. Der Aufwand liegt deutlich über dem von Luftwärmepumpen und hängt stark von der Tiefe des Grundwassers ab. Allerdings machen Sie sich eine gleichbleibend leistungsfähige Energiequelle zu Nutze.

Stärken	Schwächen
Keine Energieträger, lediglich Hilfsenergie für Pumpen etc. erforderlich	Leistungsfähige Systeme aufwändig in der Anschaffung
Bei Einsatz von regenerativ erzeugtem Strom komplett nachhaltiges Heizsystem	Einfache Systeme wenig leistungsfähig
	Möglicherweise einschränkende Gesetzgebung, z.B. Bohrverbot in Wasserschutzgebietszonen etc.

Die Erdwärmepumpe

Die aufwändigste Form der Wärmepumpe ist die Erdwärmepumpe oder auch geothermische Pumpe. Eine bis zu mehrere hundert Metern tiefe Bohrung dringt in Erdschichten vor, deren Temperatur deutlich über unserer Oberflächentemperatur liegt. Die Energieausbeute ist somit die höchste, während der Aufwand aber ebenso hoch ausfällt.

Kachelöfen, Kamine, Schwedenöfen

Feuerstellen wie offene Kamine oder auch Bolleröfen erfreuen sich großer Beliebtheit. Durch Holz beheizt nutzen Sie regenerative Brennstoffe und bieten gerade in der Übergangszeit die gute Möglichkeit, mit geringem Aufwand den Wohnbereich kurzzeitig zu erwärmen. Noch größeren Nutzen ziehen Sie dagegen, wenn Sie ein Modell mit eingebautem Wärmetauscher einsetzen. Dieses beheizt direkt den Aufstellraum und gibt darüber hinaus einen Teil der Wärme an den Speicher der zentralen Warmwasserheizung ab. So profitiert auch Ihre Warmwassererzeugung und das gesamte Heizsystem aller Räume.

Stärken	Schwächen
Direkte Beheizung einzelner Räume	Hohe Feinstaubbelastung auf die Wohnräume
Hoher Mehrwert bei Einbindung in die Zentralheizungsanlage	Durch immer besser gedämmte Gebäude hohe Gefahr der Überheizung bzw. Abfuhr von Heizwärme durch geöffnete Fenster
100% regenerativer Energieträger (bei Einsatz von Scheitholz)	Schmutz und Ruß in den Wohnräumen

207

Solarthermie

Keine eigenständige Heizung, sondern vielmehr eine Ergänzung anderer Heiztechniken ist die solarthermische Anlage. Über flache oder röhrenförmige Sonnenkollektoren wird über die Sonneneinstrahlung Wasser erwärmt, welches dem zentralen Speicher für Heizung und Warmwassererzeugung zugeführt wird.

Stärken	Schwächen
Geringer Hilfsenergieaufwand für Pumpen	Kollektoren weithin sichtbar und optisch nicht immer ansprechend
Langlebiges System mit echtem Einsparpotential und kurzer Amortisationszeit	Leistungsfähigkeit abhängig von Besonnung (kein Ertrag bei Nebel, nachts etc.)
Bei ausreichender Dimensionierung im Sommer alleinig für Warmwasserbereitung ausreichend	Platzverbrauch für großen Pufferspeicher im Technikraum

Smart-Tipp: Heizsysteme sinnvoll ergänzen

Nun könnte man annehmen, dass die optimale Heizanlage aus einer Wärmepumpe und einer Ergänzung um ein solarthermisches Modul zur Warmwasserbereitung besteht. Doch weit gefehlt: Beide Systeme haben gerade im Winter, wenn der Wärmebedarf am höchsten ist, die geringste Leistungsfähigkeit.

Kombinieren Sie stattdessen Systeme, deren Maximalleistung unterschiedlich gelagert ist oder sich zumindest nicht deckt. Typisch ist die Kombination von Solarthermie zur Sonnennutzung, sofern vorhanden, und einer Gastherme zur Abdeckung des sonstigen Bedarfs ohne Sonne oder über die Leistungsfähigkeit der Solarthermie hinaus. Ähnlich sieht es beim Einsatz eines Kachelofens aus, der sich gut mit einer Wärmepumpe verbinden lässt, die immer dann aktiv wird, wenn Sie Ihren Kachelofen nicht befeuern.

Heizflächen - Fußbodenheizung oder Heizkörper?

Heizkörper und Fußbodenheizung sind die beiden bekannten und bewährten Systeme, um die Wärme des Heizwassers auf unterschiedlichem Wege an Ihre Wohnräume zu übergeben.

Fußbodenheizung

Als modern und zeitgemäß gilt heute die Fußbodenheizung. Im Bodenaufbau unter dem eigentlichen Bodenbelag werden Rohrleitungen installiert, die vom erwärmten Heizungswasser durchströmt sind. Die Wärme überträgt sich auf den umgebenden Estrich und schließlich über die gesamte Fußbodenfläche an den darüberliegenden Raum.

Stärken	Schwächen
Niedrige Heizwassertemperatur von 35 Grad Celsius erforderlich	Wegen Speichermasse hohe Trägheit bei Temperaturwechseln
Behagliche Form der Heizung, da keine Kälteabstrahlung vom Boden	- Aufwändige Installation
Hohe Effizienz durch Speichermasse des Estrichs	Keine Möglichkeit zur Revision ohne Eingriffe in Bodenaufbau
Gut für Wärmepumpen mit geringer Temperaturanhebung geeignet	Nicht für alle Bodenbeläge uneingeschränkt nutzbar

Info: Welche Bodenbeläge eignen sich für Fußbodenheizungen?

Heute existieren für nahezu jeden Bodenbelagstyp auch für Fußbodenheizungen geeignete Varianten. Achten Sie grundsätzlich darauf, dass ein Belag umso besser für eine Fußbodenheizung geeignet ist, je besser er die Wärme aus dem Estrich in den Raum durchlässt. Eher ungünstig sind daher:

-        Langhaarige Teppichböden

-        Dicke Korkschichten

-        Holzböden mit besonders hohem Aufbau

-        Schwimmend verlegte Beläge wegen der isolierenden Trennlage

Achten Sie immer darauf, ob ein Hersteller seinen Belag als für eine Fußbodenheizung geeignet ausweist. Selbst eher ungünstige Beläge liegen mit einer Zulassung innerhalb funktional akzeptabler Parameter und können von Ihnen bedenkenlos ausgewählt werden.

Heizkörper

Ein Heizkörper erwärmt einen Raum von einem kleinen nahezu punktuellen Bereich aus und ist daher auf eine Kombination von direkter Wärmestrahlung und indirekter Wärmeabgabe über die Erwärmung der Raumluft angewiesen. Moderne Heizflächen verfügen daher über unzählige Rippen oder sogar gefaltete Lamellen, um die Oberflächen in Relation zur eigentlichen Größe zu maximieren.

Stärken	Schwächen
Beliebig platzierbare Heizflächen	Höhere Vorlauftemperatur von 45 oder 55 Grad Celsius erforderlich
Zweitnutzung als Handtuchtrockner etc. möglich	Flächenverbrauch im Grundriss und bei möblierbaren Wandflächen
Hohe Formen- und Gestaltungsvielfalt	Durch Warmluftwalze vom Heizkörper ausgehend höhere Verwirbelung von Staub

Smart-Tipp: Heizflächen kombinieren

Machen Sie sich die Vorzüge beider Heizflächen zu Nutze. Kombinieren Sie die wirtschaftliche und behagliche Fußbodenheizung für die Grundtemperierung mit gezielt platzierten Heizkörpern, um beispielsweise Bäder schneller zu erwärmen, Handtücher zu trocknen oder auch selten genutzte Gästezimmer kurzfristig nutzbar zu machen. Die geringere Vorlauftemperatur der Fußbodenheizung schränkt die Wirkungsweise der Heizkörper zwar ein, lässt sich aber durch ein etwas größeres Heizelement ausgleichen.

4.8.4 Lüftungstechnik

Obwohl sie noch lange nicht zum Standard zählt, verbreitet sich auch Lüftungstechnik mehr und mehr im Wohnhausbau. Insbesondere die immer dichter gebauten Häuser führen dazu, dass Sie die notwendigen Luftwechsel für ein behagliches Wohngefühl über die normalen Fenster kaum mehr bewerkstelligen können.

Grundsätzliches zur Lüftungstechnik

Wenn Sie ein Haus planen und dabei eine Lüftungsanlage vorsehen wollen, haben Sie es normalerweise immer mit einer Lüftungsanlage mit Wärmerückgewinnung zu tun. Dabei wird der warmen Raumluft auf dem Weg aus Ihren Wohnräumen ein guter Teil der Wärme entzogen. Dieser wird dann der kühlen Außenluft beigefügt, sodass Ihr Bedarf an Heizwärme zur Erhitzung dieser Frischluft deutlich gesenkt wird.

Es ist übrigens ein Märchen, dass Häuser mit Lüftungsanlage nicht mehr über Fenster gelüftet werden dürfen. Sobald Sie ein Fenster öffnen, entweicht allerdings warme Raumluft, sodass die enthaltene Energie verloren geht. Geöffnete Fenster reduzieren daher "nur" den Wirkungsgrad einer Lüftungsanlage und sollten daher gezielt und in Maßen eingesetzt werden.

Zentrale Lüftungsanlagen

Das Luxusmodell unter den Lüftungssystemen ist die zentrale Lüftungsanlage. Ein Technikraum beherbergt das eigentliche Lüftungsgerät, alle Filter und auch den Wärmetauscher. Von dort aus führen Zu- und Abluftkanäle in die einzelnen Räume, um den dort erwünschten Luftwechsel vorzunehmen.

Stärken	Schwächen
Hoher Wirkungsgrad	Hohe Anschaffungskosten
Einfache Wartung durch zentrale Technik	Hoher Platzbedarf für Leitungen, z.B. in Form höherer Geschosse
Gute Regulierbarkeit in Sachen Luftmenge, Strömungsrichtung etc.	Lüftungskanäle im Wohnungsbau selten komplett unsichtbar realisierbar

213

Dezentrale Lüftungsanlagen

Die etwas günstigere Lösung einer Lüftung gelingt über dezentrale Einzelgeräte. Hierbei sitzt ein Lüftungsgerät direkt in Ihrer Außenwand und bläst Luft mittels eines Ventilators von innen nach außen. Ein Keramikkern entzieht einen Teil der Wärme aus der Luft. Nach einer festgesetzten Zeitspanne kehrt sich die Luftstromrichtung um und es wird frische Außenluft nach innen geblasen. Die Luft nimmt die Wärme aus dem Keramikkern auf und transportiert sie ins Gebäudeinnere.

Stärken	Schwächen
Geringe Anschaffungskosten	Für konstanten Luftwechsel mehrere Geräte im Gegenbetrieb (1 Gerät pustet, 1 Gerät saugt) erforderlich
Keine Leitungen erforderlich	Geringerer Wirkungsgrad
Mit wenig Aufwand für einzelne Räume (z.B. Wohnzimmer/ Schlafzimmer) umsetzbar	Luftauslässe innen und außen deutlich sichtbar

Smart-Tipp: sparsame Leitungsführungen planen

Wenn Sie Ihr Haus planen und dabei die Möglichkeit einer Lüftungsanlage bereits im Hinterkopf behalten, lassen sich mit einfachen Tricks enorme Leitungswege einsparen. Führen Sie Zuluftkanäle unter der Flurdecke, sind in den Wohnräumen lediglich einzelne Luftauslässe sichtbar. Die Wurfweite dieser Düsen reicht aus, um normale Raumgrößen von der Flurwand her zu versorgen.

Positionieren Sie die Absaugung der gebrauchten Luft dagegen zentral in Bad oder Gästetoilette und ersparen Sie sich so sämtliche Abluftleitungen. Zugleich erzeugen Sie in den Feuchträumen einen dauerhaften Luftwechsel, der zusätzliche Feuchtraumlüfter unnötig macht.

4.8.5 Energiesparhaus, Passivhaus, Nullenergiehaus

Während Sie Ihr Haus planen, werden Sie bei technischen Belangen immer wieder die Begriffe Energiesparhaus, Passivhaus oder auch Nullenergiehaus antreffen. Ohne die nötigen Hintergrundinformationen besteht hier eine hohe Verwechslungsgefahr, die Sie rasch auf die falsche Fährte führen kann. Daher finden Sie hier die grundlegenden Merkmale der einzelnen Begrifflichkeiten, sodass Sie auch diese zukünftig sicher einordnen und einsetzen können:

Das Energiesparhaus

Eine eindeutige Definition eines Energiesparhauses gibt es nicht. Im Allgemeinen soll es aber ein besonders sparsames Haus bezeichnen, das die gesetzlichen Mindestvorgaben hinsichtlich Dämmung und Energieverbrauch deutlich unterschreitet.

Das Energieeffizienzhaus

Die Kreditanstalt für Wiederaufbau (KfW) definiert als staatliches Förderinstitut bestimmte

Rahmenparameter für die Inanspruchnahme von För-
derprogrammen. Die einzelnen Klassen an Gebäude-
standards werden als Energieeffizienzhaus bezeichnet,
wobei der Name um eine Zahl ergänzt wird. Diese gibt
an, um wieviel Prozent der gesetzliche Mindeststandard mit einem nach Förderkriterien errichteten Haus
unterschritten wird.

Passivhaus

Das deutsche Passivhausinstitut hat mit dem Passivhaus einen energetischen Standard definiert, bei
dem ein Gebäude so "gut" gebaut wird, dass es
grundsätzlich ohne Heizenergie auskommt. Das bedeutet, dass die Wärme durch Nutzung, Personen
etc. ausreichend ist, um unter normalen Umständen die Raumtemperaturen aufrecht zu erhalten.
Lediglich bei besonders tiefen Wintertemperaturen
kann über die Wohnraumlüftung ein geringes Maß an
ergänzender Heizenergie zugesteuert werden.

Das Nullenergiehaus

Ein sogenanntes Nullenergiehaus definiert keinerlei energetischen Standard. Es handelt sich dabei
viel mehr um eine bilanzielle Betrachtung des En-
ergieverbrauchs. Ein Nullenergiehaus erzeugt über
Photovoltaik, Kraft-Wärme-Kopplung oder andere
Verfahren genauso viel Energie, wie es verbraucht.
Ein schlecht gedämmtes Haus mit hohem Energiege-
winn ist ebenso ein Nullenergiehaus, wie das optimal gebaute Gebäude mit geringem Energieertrag.
Gesteigert wird dieses Konzept durch das Plusener-
giehaus, allerdings mit über dem eigenen Verbrauch
liegender Energiegewinnung.

Kapitel 5

Die Bauzeit

Kapitel 5 Die Bauzeit

Nachdem Sie mittlerweile viel über Planung und Bauweise Ihres neuen Eigenheims erfahren haben, stellt sich die Frage, wie beides vor Ort in die Wirklichkeit transferiert wird. Es geht also um die Bauphase. Obwohl Planer und Bauleiter, in vielen Fällen ein und derselbe Architekt, als Projektsteuerer agiert, kommt nun auch auf Sie einiges an Aufwand zu. Denn, trotz umsichtigen Handelns und bestmöglicher Abstimmungen, gibt es im komplexen Bauablauf immer wieder Dinge, denen unterschiedliche Beteiligte unterschiedliche Prioritäten beimessen, oder die schlichtweg schiefgehen. In beiden Fällen entspricht das Ergebnis nicht Ihren Erwartungen. Anstatt nun auf eine umständliche Nachbesserung zu setzen, lassen sich die meisten dieser Fälle bereits im Vorfeld vermeiden.

5.1 Aufgaben und Kontrolle

Wenn Ihnen klar ist, wer welche Aufgabe hat, sind Sie auf dem Weg zum Überblick über Ihre Baustelle schon einen großen Schritt gegangen:

Die Bauherren

-       Entscheidung über Entwurf, Bauweise, technische Standards, Gestaltung etc.

-       Freigabe von Genehmigungs- und Ausführungsplänen

-   Beauftragung von erforderlichen
    Fachplanern und weiteren Baubeteiligten
    soweit erforderlich (Vermesser, Statiker,
    Baugrundgutachter, Sicherheits-
    und Gesundheitskoordinator SiGeKo)

-   Entscheidung über die Vergabe von
    Bauleistungen

-   Freigabe von Nachtragsangeboten im
    Bauablauf

-   Abnahme fertiggestellter Bauleistungen

-   Pünktliche Begleichung von Abschlags- und
    Schlusszahlungen

-   Rechtliche Verantwortung für
    Verkehrssicherheit der Baustelle
    (Bauherrenhaftpflicht!)

Der Architekt

-   Umsetzung der Vorgaben der
    Bauherren unter Einhaltung technischer und
    rechtlicher Rahmenbedingungen

-   Beratung der Bauherren zu allen
    Entscheidungen aus rechtlicher, technischer
    und wirtschaftlichem Blickwinkel

-   treuhänderische Vertretung der
    Bauherrschaft in allen ihm übertragenen
    Belangen

-   Erstellung und Überwachung eines Zeitplans

- Kostenkontrolle in allen Projektphasen

- Abstimmung und Koordination aller Projektbeteiligter (Bauherren, Architekt, Fachplaner, Handwerker)

- Erstellung einer genehmigungsfähigen Bauplanung

- Erstellung einer umsetzbaren Ausführungsplanung

- Ausschreibung und Vergabe der Bauleistungen

- Prüfung von Nachtragsangeboten

- Rechnungsprüfung mit Freigabe- und Zahlungsvorschlag

- Fachliche Mitwirkung bei der Abnahme von Bauleistungen

Der Bauleiter

- Gesamtverantwortung für alle Abläufe auf der Baustelle

- Umsetzung der freigegebenen Baupläne und Handwerkerleistungen

- Überwachung eines sicheren, rechtskonformen Baustellenablaufes

- Koordinierung der Gewerke auf der Baustelle

- Überwachung von Arbeitsschutz, Ruhezeiten, Sonntagsarbeitsverboten etc.

- Prüfung von Massenermittlungen und Rechnungen mit Freigabeempfehlung

- Abstimmung aller baustellenrelevanter Stellen (z.B. Ordnungsamt wg. Verkehrssicherung, Energieversorger wg. Baustrom, Bauwasser, etc.)

Die Handwerker

- Regelkonforme und mängelfreie Ausführung der beauftragten Bauleistungen

- Frühzeitige Anmeldung von zusätzlichen oder abweichenden Arbeiten in Form von Nachtragsforderungen

- Wahrnehmung ihrer Hinweispflicht bei nicht regelkonformen Planungen oder Ausschreibungen ("Bedenken anmelden")

- Erstellung prüffähiger Abschlags- und Schlussrechnungen

- Nacharbeit erkannter und beanstandeter Mängel innerhalb der Gewährleistungsfrist

- Überwachung aller arbeitsrechtlicher, sicherheitstechnischer und sonstiger Rahmenbedingungen im eigenen Wirkungskreis

Smart-Tipp:

Je nach genauer vertraglicher Vereinbarung, können einzelne Zuständigkeiten im Bauablauf unterschiedlich aufgeteilt werden, z.B. zwischen Architekt und Bauleiter. Lassen Sie sich die Aufgaben und Verpflichtungen der Projektbeteiligten genau auflisten, um den Überblick über Ihr Projekt jederzeit zu behalten.

5.2 Wie läuft die Baustelle ab?

Natürlich weist jede Baustelle - wie eben auch das zu bauende Haus - individuelle Eigenheiten auf. Andererseits ist der grundlegende Ablauf recht gleichförmig, da die Baugrube aller Wahrscheinlichkeit nötig ist, um den Rohbau zu erstellen, der wiederum später ausgebaut werden kann. Trotzdem hilft Ihnen das Wissen über grundlegende Abfolgen des Bauablaufes und die je Phase durchgeführten Arbeiten, das zunächst wirre Durcheinander strukturiert zu betrachten und zu verstehen.

Die Baustelleneinrichtung

Hier finden noch keine eigentlichen Arbeiten an Ihrem zukünftigen Gebäude statt. Stattdessen werden vorbereitende Tätigkeiten unternommen, um die folgenden Bautätigkeiten überhaupt erst zu ermöglichen:

- Freiräumen des Grundstücks von Bewuchs, Schutt etc.

- Einholen erforderlicher verkehrsrechtlicher Erlaubnisse

- Einrichtung der Baustellenzufahrt
  einschließlich Verkehrssicherung
  (Sperrungen, Beschilderungen)

- Herstellen von Baustrom- und
  Bauwasseranschlüssen

- Aufstellen von Baucontainer,
  Werkzeugmagazin etc.

Erdarbeiten

Als erste echte Tätigkeit für Ihr Haus stehen nun die
Erdarbeiten an:

- Abschieben des Oberbodens
  (Wachstumsschicht)

- Herstellung der Baugrube

- Vorbereitung des Baugrunds, Drainage- und
  Sauberkeitsschicht aus Schotter

- Eventuelle Grobmodellierung des Baugrunds

- Fundamentaushub

- Herstellen der Leitungsgräben für
  Schmutz- und Regenwasserleitungen unter
  dem Gebäude und bis zur Straße

- Verlegen der im Boden erforderlichen
  Gundleitungen für Abwasser und
  Regenwasser

Der Rohbau

Ist die Baugrube erst einmal erstellt, geht es von nun an Stück für Stück aufwärts. Rasch lassen sich im Rohbau die späteren Formen des Gebäudes ablesen:

- Gründung mit Fundamenten oder Plattengründung (Bodenplatte)

- Herstellung des Kellergeschosses, meist als Betonkonstruktion

- Verfüllen der Arbeitsräume um das Kellergeschoss

- Erstellen der Geschosse und Geschossdecken

- Aufrichten des Dachstuhls und Herstellen der Dacheindeckung

- Einbau von Fenstern und Außentüren

Die Haustechnik

Ist die Gebäudehülle erst einmal erstellt und wetterfest, können im Inneren die haustechnischen Installationen vorgenommen werden:

- Installation der Elektroverteiler und Verlegen der Elektroleitungen

- Verlegen der Wasser-, Abwasser- und Heizleitungen mit Verteilern etc.

- Vorbereitung der Sanitärinstallationen mit Vorwänden und Unterputzinstallationen

- Einbau der Heizanlage, ggf. mit Verlegen der Fußbodenheizung

- Ggf. Verlegen der Lüftungsleitungen und Einbau der Lüftungsanlage

- Inbetriebnahme der Heizungsanlage

Der Ausbau

Sobald alle Grundinstallationen der Haustechnik vorgenommen wurden, können diese hinter dem Ausbau der Innenräume verschwinden:

- Herstellen des Innenputzes

- Einbau der Wand- und Bodenabdichtungen in Sanitärräumen

- Einbau Estrich mit Trocknungszeit (je nach Material 4 Wochen oder länger)

- Einbau von Fensterbänken, Innentüren und fest installierten Einbaumöbeln

- Verlegen aller Wand- und Bodenfliesen

- Einbau der Innentreppen

- Herstellen aller Wandbeläge aus Putz, Tapete oder anderen Ausführungsarten

- Verlegen aller Bodenbeläge

- Einbau von Geländern und Absturzsicherungen

Außerdem werden parallel zu den Innenarbeiten die weiteren Tätigkeiten am Äußeren Ihres Gebäudes abgeschlossen:

- Ggf. Aufbau der Außenwanddämmung

- Herstellen des Fassadenputzes, der Holzverkleidung oder sonstiger Außenwandbeläge

- Fertigstellung aller Flaschnerarbeiten wie Regenrinnen und -rohre, Verwahrungen, Über- und Einlaufbleche etc.

- Fertigstellung aller Leitungsanschlüsse, Abwasser und Regenwasser

- Herstellung der Versorgungsleitungen, Wasser, Strom, Telefon / TV, Gas

Endinstallation Haustechnik

Erst, nachdem alle Oberflächen im Inneren fertiggestellt wurden, können die für Sie sichtbaren Bereiche der Haustechnik ebenfalls eingebaut werden:

- Montage Sanitärobjekte

- Fertigstellung Elektroinstallation mit Schaltern, Steckdosen etc.

- Herstellung aller Lüftungsauslässe, Abdeckungen, Verkleidungen etc.

- Montage der Beleuchtung

An diesem Punkt ist Ihr Gebäude selbst fertiggestellt und vollumfänglich nutzbar. Hier erfolgt in vielen Fällen der Einzug, da die nun nachfolgenden Arbeiten auch nach Einzug noch umgesetzt werden können und in vielen Fällen innerhalb des ersten Nutzungsjahres abgeschlossen warden.

Außenanlagen

- Herstellung von Zufahrten, Zuwegen und Stellplätzen

- Erstellung von Terrassen und anderen Außenbereichen

- Endmodellierung des Grundstücks mit Stützmauern, Böschungen, Planie und Auftrag des anfänglich abgeschobenen Oberbodens als Wachstumsschicht für die folgende Bepflanzung

- Anlegen der Grünflächen mit Raseneinsaat oder Rollrasen und Stauden, Sträuchern und Bäumen

5.3 Stolperstellen im Bauablauf

Aus den vorangegangenen Erläuterungen zu Zuständigkeiten und Bauablauf können Sie bereits mit wenig Aufwand klar entnehmen, in welcher Projektphase welche Entscheidungen bereits erfolgt sein müssen. Daher verzichte ich an dieser Stelle auf eine vollumfängliche Auflistung aller Entscheidungen, die Sie im Bauverlauf treffen müssen. Stattdessen lernen Sie die Punkte kennen, die regelmäßig vergessen oder zu spät entschieden werden. Vermeiden Sie unnötige Konflikte und Verzögerungen, indem Sie auch die weniger offensichtlichen Punkte von vorn herein in Ihre Planung einbeziehen.

5.3.1 Die Planungsphase

Bereits in der Planungsphase sollten Sie einige Überlegungen konkretisieren, deren Auswirkungen letztlich erst sehr spät im Projektablauf tatsächlich in Erscheinung treten:

Die Küchenplanung

Die Küche wird zwar als eines der letzten Objekte überhaupt erst kurz vor dem Einzug eingebaut. Allerdings werden Durchbrüche für Abwasserleitung und Dunstabzugshaube bereits im Rohbau hergestellt. Zwar gibt es funktionierende Lösungen, um Leitungen unter der Decke oder innerhalb der Küchenschränke zu verziehen. Je früher Sie sich mit dem Grundsetting Ihrer Küche befassen, umso eher lassen sich diese platzraubenden und schlicht unschönen Lösungen zugunsten einer optimalen Planung und Umsetzung vermeiden.

Bodenbeläge

Viele Bauherren wollen sich die Entscheidung über Laminat oder Parkett, Teppichboden oder Vinyl offenhalten, bis sie die Räumlichkeiten im Ausbau sehen.

Zwar ist es problemlos möglich, alle gängigen Belagsarten auf demselben Estrich zu verlegen, allerdings variieren die Aufbauhöhen der Beläge selbst um einige Millimeter bis Zentimeter. Grundsätzlich stellt das wenige Probleme dar und ist in Bezug auf die Raumhöhe nicht spürbar. Allerdings können abweichende Belagshöhen an Treppenabgängen, Deckenrändern, Belagswechseln oder auch besonderen Einbauten an oder im Boden aufwändige Anpassungen nach sich ziehen. Je früher Sie sich auf einen Bodenbelag festlegen, umso "cleaner" kann der Einbau letztendlich erfolgen.

5.3.2 Die Bauphase

Auch während des Bauablaufes kommen einige Aufgaben auf Sie zu, die Sie nicht vergessen sollten. Andernfalls können die Bauarbeiten im ungünstigsten Fall vollständig zum Erliegen kommen.

Anträge für Versorgungsmedien

In aller Regel sind die mit dem Anschluss von Wasser, Strom etc. beauftragten Unternehmen sehr rasch zur Stelle und auch problemlos in den Bauablauf zu integrieren. Allerdings nur, wenn Sie beizeiten die erforderlichen Anträge bei den Netzversorgern gestellt haben. Häufig fordern Telefon- und Energieversorger Vorlaufzeiten von 4 bis 8 Wochen bis zum Anschlusstermin. Das bedeutet für Sie, dass Sie spätestens bei Baubeginn die Anträge stellen sollten, um verzugsfrei anschließen zu können. Eine gewisse Sonderstellung erfährt der Antrag auf den Anschluss an die

Stromversorgung. Hier muss Ihr beauftragter Elektriker als Fachmann den Antrag in Ihrem Namen stellen und dabei erklären, dass die Hausinstallation vorschriftsgemäß erfolgt ist.

Der Erstanschluss Telefon/ Internet

Obwohl Ihre Datenleitung ja bereits im Rahmen der Versorgungsmedien ins Haus geführt wurde, verlangen die Telefonanbieter einen erneuten Antrag auf Einrichtung des Erstanschlusses. Dann wird die bereits vorhandene Hardware freigeschaltet und Ihr Anschluss nutzbar. Auch hierfür fällt eine Vorlaufzeit von mehreren Wochen an. Nehmen Sie daher mit Beginn der Ausbauphase Kontakt zu Ihrem Anbieter auf, um bei Einzug ohne Zeitverlust über eine nutzbare Internetverbindung zu verfügen.

5.4 Der Umgang mit Änderungswünschen und Mängeln

Trotz Kontrolle und regelmäßiger Abstimmungen werden Sie hin und wieder auf Dinge stoßen, die nicht in Ordnung sind. Entweder wurden Arbeiten fehlerhaft ausgeführt oder Sie stellen nach der Erstellung fest, dass ein Detail nicht Ihren Vorstellungen entspricht. Doch wie gehen Sie mit solchen "Fehlern" um?

5.4.1 Änderungswünsche

Wünschen Sie während des Bauablaufes eine Anpassung einer bereits erstellen Leistung, stellt das eine Abweichung vom vertraglich vereinbarten Leistungsinhalt und letztlich auch einen Mehraufwand für den Unternehmer dar. Er hat daher einen Anspruch darauf, diesen Mehraufwand auch bezahlt zu bekommen. Verzichten Sie aber unbedingt auf die rasche mündliche Abstimmung und die "Beauftragung" per Handschlag vor Ort. Bestehen Sie auf die Benennung von Kosten vor der Umsetzung in Form eines sogenannten Nachtragsangebotes. Dieses wird dann von Ihrem Architekten auf die Verhältnismäßigkeit der Preise und den Inhalt geprüft, bevor Sie den Auftrag erteilen. Später erscheint der Nachtrag im Rahmen der Gesamtrechnung als Nachtragsposition und fließt in den Rechnungsbetrag mit ein.

5.4.2 Mängel

Anders sieht es dagegen bei einer mangelhaften Ausführung aus. Stellen Sie selbst, Ihr Architekt oder der Bauleiter während des Baus oder bei der Abnahme eine mangelhafte Umsetzung von Bauleistungen fest, ist der Unternehmer verpflichtet, die Sache in Ordnung zu bringen. Wann ein Mangel vorliegt und wo demnach eine Nacharbeit verlangt werden kann, ergibt sich aus den sogenannten "Anerkannten Regeln der Technik", also aus einer als Stand der Technik anerkannten Ausführungsart. Außerdem definieren DIN-Normen zu jedem Gewerk beispielsweise, wann optische Mängel vorliegen und wie diese genau festgestellt werden dürfen.

Auch nach der Abnahme können Sie noch Mängel geltend machen, die beispielsweise erst nach
Einzug erkennbar wurden. Dann greift die sogenannte
Gewährleistung, die entweder nach VOB 4 Jahre lang
oder nach BGB sogar 5 Jahre lang greift. Wichtig ist
dabei, dass die Grundlage des Mangels, also eine
falsche Ausführung, bereits bei der Abnahme vorhanden waren.

Kommt ein Handwerker seiner Verpflichtung zur
Mängelbeseitigung dagegen nicht nach, können
Sie nach einmaliger Mahnung übrigens einen anderen Handwerker beauftragen und den Mangel im
Rahmen einer sogenannten "Ersatzvornahme" beseitigen lassen. Allerdings müssen Sie die Kosten
dann meist auf privatrechtlichem Wege vom ursprünglichen Vertragspartner erstreiten. Denn frei-
willig wird dieser wohl eher selten zahlen, nachdem
er den Mangel schon nicht ausbessern wollte.

Smart-Tipp:

Nehmen Sie sich für die Abnahme Zeit und denken
Sie darüber nach, einen externen Gutachter als
Profi hinzuzuziehen. Denn jede Mängelbeseitigung
nach dem Einzug bedeutet mehr Aufwand und mehr
Störung Ihres Familienlebens.

Kapitel 6

Innenausbau

Kapitel 6 Innenausbau

Ist Ihr neues Zuhause erst einmal beim Innenausbau angelangt, ist aus technischer Sicht bereits der
größte Teil der Herausforderung bewältigt. Allerdings
betreten Sie nun einen Bereich, der bei den meisten
Bauherren sehr stark im Mittelpunkt des Interesses
steht und der darüber hinaus häufig mit einem gewissen Maß an Emotionalität belegt ist. Denn jetzt schaffen Sie sich mit den sichtbaren Oberflächen, Einrichtungen und Funktionen das Lebensumfeld, das Sie
tagtäglich auf Schritt und Tritt begleitet.

6.1 Beläge und Oberflächen

Die Beläge umfassen die sichtbaren Bereiche alle
Wände, Böden und Decken Ihrer Innenräume. Ganz
allgemein gesprochen erfüllen diese zwar auch einen
gewissen Schutz der darunterliegenden Konstruk-
tion. Die Hauptaufgaben bestehen allerdings in der
Schaffung optisch ansprechender und haptisch angenehm wahrnehmbarer Räume, die darüber hinaus
leicht zu unterhalten sind.

Die Fülle heute erhältlicher Beläge ist beinahe so groß,
wie die Unterschiede zwischen einzelnen Produkten.
Ohne eine intensive Beschäftigung mit konkreten Produkten und deren Produktdatenblättern werden Sie
daher kaum in der Lage sein, eine fundierte Auswahl
zu treffen. Um Ihnen eine Vorauswahl zu ermöglichen, erfahren Sie daher im Folgenden grundlegende
Eigenschaften sowie hilfreiche Tipps zu den einzelnen
Belagsarten.

6.1.1 Bodenbeläge

Ihre Böden werden täglich begangen und somit beansprucht. Wichtige Eigenschaften "guter" Bodenbeläge sind daher:

- Hohe Beständigkeit gegen Abrieb und Schäden (z.B. durch Möbelrücken, allgemeine Nutzung etc.)

- Ausreichend hohe Rutschfestigkeit

- Gute Reinigungsmöglichkeiten

Naturstein

Beläge aus Naturstein sind so unterschiedlich wie die genutzten Gesteinsarten selbst. Härte, Anfälligkeit und auch die Bearbeitungsmöglichkeiten können stark variieren und erzeugen immer eine individuelle und einzigartige Optik.

Wissenswertes:

Weit verbreitet sind Gesteine mit dem Hauptbestandteil Kalk, z.B. Marmor. Diese sind attraktiv, jedoch stark anfällig für kalklösende Säuren wie Wein, Zitronensäure und kalklösende Reinigungsmittel.

Vorteile	Nachteile
Naturmaterial	Teilweise sehr empfindlich
Individuelle Optik	Je nach Herkunft desselben Steins hohe Qualitätsunterschiede (z.B. chinesischer Granit)
Hochwertige Optik und Haptik	Aufwand für Versiegelung

Kunststein

Kunststeinbeläge werden nach festen Rezepturen erstellt und sind daher gleichförmiger und meist belastbarer als ihre natürlichen Pendants.

Hochwertige Produkte sind jedoch kaum mehr von Natursteinbelägen zu unterscheiden und selbst mit naturgetreuer Marmorierung erhältlich.

Wissenswertes:

Einzelne Hersteller ermöglichen die Realisierung individueller Farbwünsche durch eine Anpassung der Rezepturen für einzelne Produktionschargen.

Vorteile	Nachteile
Gleichbleibende und vor allem bekannte Qualität	Weniger individuelle Gestaltung als Natursteine
Klar vorgegebene Optik	
Rezepturen auf Robustheit und Dauerhaftigkeit optimiert	

Parkett

Als häufigster Echtholzbelag weist Parkett eine mehrere Millimeter dicke, mehrfach abschleifbare Nutzschutz auf, die auf einer Tragschicht aus technischen Holzprodukten aufgebracht wird.

Wissenswertes:

Von Bootslack über Öl bis hin zu Wachs kann ein und dasselbe Parkett durch unterschiedliche Oberflächenbehandlungen völlig unterschiedliche Erscheinungsbilder annehmen.

Vorteile	Nachteile
Hochwertige Optik	Hoher Aufwand durch regelmäßiges Versiegeln
Angenehmes Gefühl, z.B. auch beim Spielen auf dem Boden	
Kratzer gut ausbesserbar, mehrfach abschleifbar	

Massivholzdielen

Echte Dielenböden verzichten auf die konstruktive Tragschicht und setzen in voller Stärke auf die sichtbare Holzart. Die Aufbauhöhen liegen deutlich über denen anderer Beläge und müssen von vornherein berücksichtigt werden.

Wissenswertes:

Massivholzdielen "arbeiten" deutlich mehr als andere Holzbeläge und können temperatur- und feuchteabhängige Risse öffnen oder auch wieder schließen.

Vorteile	Nachteile
Geradezu beliebig oft abschleifbar	Hoher Bodenaufbau
Sehr natürliche Erscheinung	Starke Neigung zu Rissbildungen

239

Laminat

Laminatbeläge werden oft als der "kleine Bruder" vom Parkett angesehen. Sie überziehen dieselbe technische Tragschicht mit einer Lage Kunststoff, die letztlich beliebig gestaltet werden kann.

Wissenswertes:

Günstige Laminate greifen als Deckbelag nur zu einer Folierung, die rasch abnutzt und Stößen, Schlägen und Kratzern wenig entgegenzusetzen hat.

Vorteile	Nachteile
Sehr pflegeleicht	Schlecht ausbesserbar
Sehr günstig	Kunststoffoberfläche nicht atmungsaktiv (kein Feuchteausgleich)
Auch schwimmend (ohne Verklebung) verlegbar	

Kork

Dem Parkett sehr ähnlich ist Kork als Nutzschicht des Bodenaufbaus weicher und wird meist deutlich wärmer empfunden.

Wissenswertes:

Wenn Sie die typische wolkige Erscheinung von Naturkork nicht wünschen, bieten technische Korkbeläge nahezu homogene Erscheinungsbilder.

Vorteile	Nachteile
Sehr weich, damit auch anfällig für Schäden	Sehr weich, damit auch anfällig für Schäden
	Teils sehr eigene Optik

Teppich

Von ultrakurz bis Hochfloor, Filz bis Schlingenware, Kunstfaser bis unbehandelten Naturmaterialien bieten Teppichbeläge die wohl größte Produktspanne. Vor allem die farblichen Möglichkeiten und das warme Gefühl sprechen für diese Textilbeläge.

Wissenswertes:

Je dicker ein Teppich ausfällt, desto höher ist seine Dämmwirkung und umso ungeeigneter ist er für die Verwendung mit einer Fußbodenheizung.

Vorteile	Nachteile
Sehr warmes Gefühl, daher sehr gut für Kinderzimmer geeignet	Recht aufwändig zu reinigen
	Schnelle Abnutzung

Vinyl / PVC

Kunststoffbeläge aus Vinyl oder PVC überzeugen durch einen fugenlosen und sehr dünnen Aufbau und eine hohe Widerstandsfähigkeit. Optisch können diese Böden von technisch bis edel zahlreiche Gestaltungsformen aufweisen.

Wissenswertes:

Die Kunststoffbeläge sind extrem dünn und benötigen eine besonders gute Vorbereitung des Untergrunds, um glatt und eben verlegt werden zu können.

Vorteile	Nachteile
Besonders unempfindlich	Wenig angenehme Haptik, kaum für Wohnräume geeignet
Vielerlei Optik möglich, Einsatz z.B. Küchen und Hauswirtschaftsräumen	

Linoleum

Dieser Naturkautschukbelag wird oft mit öffentlichen Gebäuden in Verbindung gebracht. Durch die hohe Dicke der Nutzschicht von mehreren Millimetern ist er in der Tat sehr robust, überzeugt aber auch durch ein angenehm weiches Gehgefühl.

Wissenswertes:

Linoleum benötigt für eine hohe Lebensdauer ein hohes Maß an Pflege in Form von Reinigung und Aufschichtung eines Schutzbelages.

Vorteile	Nachteile
Angenehm zu begehen	Hoher Pflegeaufwand
Große Farbauswahl	Wenig wohnlicher Charakter durch häufigen Einsatz in öffentlichen Bauten

6.1.2 Wand- und Deckenbeläge

Wände und Decken müssen zwar nicht mit denselben Belägen ausgestattet werden. Die Anforderungen sind jedoch vergleichbar, sodass Sie für beide Einsatzbereiche zumindest dieselben Optionen haben.

Raufasertapete

Der Klassiker unter den Tapeten erzeugt eine gleichförmige, dezente Struktur und ermöglicht eine freie Farbgestaltung durch Anstriche jeglicher Art.

Wissenswertes:

Raufasertapeten lassen sich sehr gut ausbessern, sodass Sie gerade mit kleinen Kindern einen dankbaren Wandbelag vorfinden.

Stoff-, Kunststoff- und Printtapeten

Unterschiedlichste Tapeten aus Papier, Stoff oder Kunststoff ermöglichen individuelle Gestaltungen in Struktur und Farbe. Die Spanne reicht von einfarbigen Flächen über strukturiere Muster bis hin zu individuellen, persönlichen Fotos und Bildern.

Wissenswertes:

Nicht mehr überstrichene Tapeten müssen sehr genau tapeziert werden, um Versätze im Muster zu vermeiden. Außerdem lassen sie sich bei Schäden kaum noch ausbessern.

Edelputze

Tragen Sie auf Ihrem Grundputz einen deckenden Ober-
putz auf, finden Sie je nach Körnung, Strukturierung und
Einfärbung vielfältige Gestaltungsmöglichkeiten.

Wissenswertes:

Je feiner ein Edelputz ausfällt, desto schwerer lassen sich Schäden ausbessern. Zudem sind Ver-
schmutzungen umso schwerer zu beseitigen.

Anstriche

Ob auf Tapete, Putz oder Holz - Anstriche bilden eine
weitere Schutzschicht und Gestaltungsoption zugleich.
Durch sie lassen sich auch vorhandene Beläge mit geringem Aufwand verändern.

Wissenswertes:

Für besonders beanspruchte Bereiche wie etwa
Küche oder Bad bieten Latexanstriche eine sehr belastbare und gut abwaschbare Option. Heute sind
diese von anderen Anstrichen optisch nicht mehr zu
unterscheiden.

Holz

Holzvertäfelungen finden sich heute vor allem als
Deckenbekleidung. Als Naturholz, farbig transparente
Lasur oder auch deckende Beschichtung kann das Er-
scheinungsbild von traditionell bis modern reichen.

Wissenswertes:

Durch die erforderliche Unterkonstruktion können Sie unebene Decken, Öffnungen oder auch nachträglich verlegte Leitungen verschwinden lassen.

6.1.3 Fliesen

Fliesenbeläge eignen sich für besonders stark beanspruchte Wände und Böden und kommen beispielsweise regelmäßig in Fluren, Küchen oder Sanitärräumen zum Einsatz. Sie sind besonders dauerhaft und resistent gegen Schmutz, intensive Feuchtigkeit und auch mechanische Beanspruchungen.

Wissenswertes:

Fliesen sind entweder komplett durchgefärbt oder nur mit einer farbigen Beschichtung erhältlich. Durchgefärbte Produkte zeigen Schäden weit weniger stark und bleiben damit länger "schön".

Smart-Tipp: Fliesen in Holz-Optik

Kennen Sie schon Fliesenbeläge, die sich auf den ersten Blick kaum noch von Dielenböden unterscheiden lassen? Durch ein entsprechendes Format und eine strukturierte Oberfläche merken Sie häufig erst beim Anfassen, dass Sie eine keramische Oberfläche vor sich haben. Gerade in Dielen, Küchen und sogar Ess- und Wohnzimmern kombinieren Sie so eine behagliche Optik mit einer nahezu unverwüstlichen und feuchteresistenten Oberfläche.

6.2 Funktionale Ausstattung

Ebenso wichtig wie die Optik und das Ambiente Ihrer Wohnräume ist natürlich die Nutzbarkeit genauso, wie Sie es sich vorstellen oder wie Sie es auch benötigen. Wegweisende Entscheidungen treffen Sie daher mit den Überlegungen, was genau Sie aus technischer Sicht vorsehen wollen und wie genau die einzelnen Themen umgesetzt werden sollen.

6.2.1 Die Technik-Planung

Eine solide Planung der Haustechnik gehört heute zu den alltäglichen Standards. Denn die immer schnelleren Bauabläufe lassen sich ohne Planung nicht mehr schnell genug in eine Ausschreibung und ein vergabefähiges Angebot überführen. Allerdings wollen viele Unternehmen gerade bei kleineren Gebäuden, wozu Ihr Einfamilienhaus ebenfalls zählt, den Aufwand für die Detailplanung sparen. Stattdessen werden Sie angehalten, in einem raschen Durchgang Steckdosen zu platzieren, Sanitärgegenstände festzulegen oder ganze Raumaufteilungen zu bestimmen. Beharren Sie jedoch zwingend darauf, dass grundlegende Setting bereits vorab in Ruhe im Plan festgehalten werden. Andernfalls bezahlen Sie unter Zeitdruck gefällte Fehlentscheidungen später mit Mehraufwand oder einer nicht optimal nutzbaren Haustechnik.

Die Elektroplanung

Die wesentlichen Bestandteile einer Elektroplanung aus Bauherrensicht sind die Festlegung der Lage von

- Lichtschaltern

- Steckdosen

- Lampenanschlüssen in Wand und Decke

- Elektroanschlüssen für Küchenobjekte und sonstige Einbauten

- Bedienelementen Fußbodenheizung

- Daten- und Telefon- bzw. Fernsehsteckdosen

- Sonstigen Ausstattungen wie Türsprechanlage, Lüftungssteuerung etc.

Smart-Tipp: Zusätzliche Steckdosen sind günstig

Erhalten Sie sich ein hohes Maß an Flexibilität durch eine großzügige Ausstattung mit Steckdosen. Berücksichtigen Sie mehrere Möblierungsvarianten, um auch für zukünftige Veränderungen vorbereitet zu sein.

Die Sanitärplanung

Die Sanitärplanung umfasst natürlich die Festlegung von Art und Lage Ihrer Sanitärobjekte wie Dusche, Toilette und Waschbecken und Bad und WC. Aber auch die zugehörigen Vorwände sowie deren Höhen und die Höhen der Sanitärobjekte sollten Sie nicht der freien Entscheidung Ihres ausführenden Unternehmens überlassen. Außerdem hilft bereits jetzt eine gründliche Überlegung zur späteren Badnutzung mitsamt Mobiliar, Handtuchhaken und allen sonstigen Bedürfnissen, Freiräume zu schaffen und Nutzungsbeziehungen optimal zu gestalten.

Der Sonderfall - die Wasserenthärtungsanlage

Ein gänzlich anderer Themenbereich der Sanitärplanung umfasst dagegen die Wasseraufbereitung. Grundsätzlich ist jedes Leitungswasser überall in Deutschland problemlos verwendbar. Sollte Ihnen aber ein möglichst geringer Verbrauch an Wasch- und Spülmittel und eine besonders lange Lebensdauer Ihrer Haushaltsgeräte am Herzen liegen, sprechen Sie unbedingt die Frage nach der Einsetzbarkeit und dem Bedarf einer Wasserenthärtungsanlage mit Ihrem Fachplaner an. Diese Anlage entzieht dem Leitungswasser Kalk und macht das Wasser damit "weicher" und weniger aggressiv. Allerdings muss eine Wasserenthärtungsanlage regelmäßig mit speziellen Salztabletten nachgefüllt werden und stellt damit auch ein weiteres zu betreuendes System dar.

Smart-Tipp: Sehen Sie in den erforderlichen Installationsvorwänden im Dusch- und Wannenbereich gezielt Nischen als Ablage für Seife, Duschgel, Shampoo und sonstige Hygieneartikel vor. So schaffen Sie Stauraum und vermeiden später den Anbau zusätzlicher störender Ablagen, Halter und sonstiger Zubehörartikel.

Heizung und Heizflächen

Der wichtigste Inhalt einer aus Ihrer Sicht gelungenen Heizungsplanung ist die Bestimmung der Lage von

- Thermostaten

- Heizkörpern

- Heizkreisverteilern

Denn kaum etwas schränkt die freie Möblierbarkeit eines Raumes mehr ein, als ein falsch positionierter Heizkörper oder ein ungünstig platzierter Raumthermostat.

Unser Smart-Tipp: Lassen Sie sich für eine Fußbodenheizung die Aufteilung der einzeln regelbaren Heizkreise vorab unbedingt aufzeigen. Obwohl meist jeder Raum einen eigenen Heizkreis aufweist, kann gerade bei großen Raumgefügen im Wohn-Ess-Kochbereich eine abweichende Aufteilung mit mehreren Regelbereichen für die spätere Nutzung sinnvoll sein.

6.2.2 Einbruchschutz

Seit jeher hat der Mensch den Antrieb, sein eigenes Heim möglichst sicher zu gestalten. Immer wieder öffentlich gemachte Einbruchserien tun ihr Übriges, um die Gedanken beim Hausbau auch auf das Thema Sicherheit und Einbruchschutz zu lenken.

Machen Sie sich bei allen Überlegungen hierzu eines bewusst: Weder ist es möglich, Fremden den Zugang zum eigenen Wohnhaus vollständig zu verwehren, noch ist es das Ziel aller Bemühungen zum Einbruchschutz! Stattdessen geht es "nur" darum, den

Aufwand für das unerlaubte Eindringen zu erhöhen. Denn Einbruchsversuche werden typischerweise abgebrochen, wenn der Zugang nicht innerhalb von 60 bis 90 Sekunden gelingt. Andernfalls steigt die Gefahr der Entdeckung signifikant.

Gut erkennbar ist dieser Zusammenhang auch an den heute für bauliche Einbruchschutzmaßnahmen etablierten Widerstandsklassen. Die Definition der einzelnen Klassen gibt an, wie lange Maßnahmen der entsprechenden Klasse Zutrittsversuche mit bestimmten Werkzeugen verhindern müssen.

Insgesamt existieren die Klassen 1 bis 5. Im Wohnhausbau kommen allerdings nur die Klassen 1 bis 3 zur Anwendung, wohingegen die höheren Klassen besonders schützenswerten Objekten wie Banken etc. vorbehalten sind.

Typische Maßnahmen des häuslichen Einbruchschutzes sind:

- Abschließbare Fenstergriffe

- Fensterrahmen mit Stahlrohreinlage

- Fensterscheiben mit erhöhtem Widerstand

- Höhere Anzahl Schließpunkte für Fenster und Türen gegen Aufhebeln

- Bewegungsmelder zur Ausleuchtung dunkler Bereiche um das Gebäude

- Lichtschachtsicherungen gegen Abheben der Abdeckungen von außen

Die bekannten und früher weit verbreiteten Fenstergitter gelten dagegen nicht mehr als Zeitgemäß. Gerade die Fenster, die für einen Einbruchsversuch gut zugänglich und zudem groß genug wären, dienen häufig als zweiter Rettungsweg und dürfen daher nicht vergittert werden.

Auch Kameras erfüllen höchstens eine abschreckende Funktion. Durch das hohe Tempo typischer Haus- und Wohnungseinbrüche sind die Täter längst entflohen, bevor Sie einen möglicherweise aus der Ferne erkannten Einbruch gemeldet haben.

Behalten Sie das Thema Einbruchschutz auch für den kommenden Abschnitt über das Smart-Home im Hinterkopf. Sie werden feststellen, dass das Smart-Home auch für ein sicheres Haus zahlreiche Vorzüge bietet. Wie wäre es zum Bespiel mit öffnenden Rollläden, an- und abschaltenden Lichtern und weiteren "lebensnahen" Aktivitäten, die Beobachtern trotz Ihrer Abwesenheit den Eindruck eines bewohnten Hauses vermitteln? Ein Smart-Home könnte die Lösung sein.

Unser Smart-Tipp: Eine solide Bauweise und übersichtliche Außenanlagen bilden bereits eine wirkungsvolle Abschreckung gegen Einbrecher. Ergänzt um einen erhöhten Schutzgrad im Erdgeschoss erhalten Sie ein sinnvoll zusammengestelltes Gesamtpaket. Im Einzelfall können Sie außerdem auf Berater der Kriminalpolizei zurückgreifen, die Ihr Gebäude anschauen und Empfehlungen aussprechen.

6.3 Das Smart-Home

In einem Smart-Home können Sie auf jede technische Komponente von überall zugreifen und diese einfach mittels Laptop, Tablet oder Smartphone steuern. So oder so ähnlich ist das Grundverständnis der meisten Menschen vom Smart-Home.

Das ist allerdings nur die halbe Wahrheit. Tatsächlich ist es richtig, dass eine zeitgemäße Datenanbindung der Haustechnik den Gang zur Heizanlage, zur Lüftungssteuerung oder auch zum Wechselrichter der verbauten Photovoltaikanlage durch bekannte Eingabemedien ersetzt.

Allerdings wird Ihr Wohnhaus nicht durch die Tablet-steuerung zum echten Smart-Home. Der Kern eines "intelligenten" Hauses ist jedoch ein anderer und lässt sich auf drei gut nachvollziehbare Einzelkomponenten aufteilen:

1.   Technik

Damit ein Haus überhaupt intelligent agieren kann, muss es die Möglichkeit haben, bestimmte Ausstattungsmerkmale zu aktivieren. Diese Möglichkeit erhält es durch den Einsatz von Technik, also Antriebe, Steuerungen etc. Am Beispiel eines Sonnenschutzes lässt sich das recht einfach darstellen: Manuell betrieben öffnen oder schließen Sie den Sonnenschutz von Hand und mit Muskelkraft. Ihr Haus hat aber keine Chance, diese Aufgabe für Sie zu übernehmen. Erst ein elektrischer Antrieb versetzt Ihr Haus in die Lage, den Sonnenschutz eigenständig zu bedienen.

2.   Sensoren

Ihr Smart-Home tut genau das, was Sie ihm beige-
bracht haben. Auch wenn die einzelnen Aktionen
sehr komplex und "intelligent" erscheinen, liegen
ihnen aber immer einfache Soll-Ist-Vergleiche zu
Grunde. Am bereits bekannten Beispiel des Sonnenschutzes bedeutet das, Ihr Haus schließt diesen
beispielsweise, wenn im Innenraum eine von Ihnen
definierte Raumtemperatur erreicht ist, oder wenn die
Lichtintensität einen gewissen Wert erreicht.

Was Sie selbst mit all Ihren Sinnen wahrnehmen,
kann Ihr Haus nur über Sensoren ermitteln. Ein
großer Teil der Intelligenz des Smart-Homes rührt
daher von einer sinnvollen Ausstattung mit verschiedensten Sensoren und Messeinrichtungen.

Auch wenn Sie diese Sensoren sicherlich nie mit einem Smart-Home in Verbindung bringen würden, sind
der Außentemperaturfühler Ihrer Heizung und der
Bewegungsmelder der Außenbeleuchtung bekannte
und weit verbreitete Beispiele für genau diese Intelligenz.

3.   Vernetzung

Selbstverständlich werden Sie eine außentempera-
turgesteuerte Heizung oder eine bewegungsgesteuerte
Außenbeleuchtung nicht als intelligent ansehen. Den
Mehrwert eines Smart-Homes erfahren Sie auch
nicht durch diese einfachen Regelkreisläufe. Sie
profitieren dann von der eingesetzten Technik, wenn
die einzelnen Komponenten ihre Informationen austauschen und so über die Standardfunktionen hinaus
weitere Handlungsmöglichkeiten eröffnen.

Bemühe ich ein letztes Mal das Beispiel des Sonnen-schutzes, so kann dieser im Smart-Home beispiels-weise nicht nur automatisch öffnen und schließen. Er kann darüber hinaus etwa Angaben zu Außentem-peratur, Innentemperatur, Sonnenstand und eventu-ell sogar Anwesenheit der Bewohner sammeln und auswerten. Daraus ergibt sich dann ein komplexes Bild, ob und wie weit der Sonnenschutz geschlossen werden muss, um die Sonnenenergie bestmöglich zu nutzen und gleichzeitig die Überhitzung des Raumes zu verhindern.

Das BUS-System

Spätestens beim Thema Smart-Home wird Ihnen zwangsläufig das sogenannte BUS-System über den Weg laufen. Dabei handelt es sich um eine Form der Hausinstallation, bei der im Gegensatz zur normalen Elektroinstallation jeder Schalter, jede Steckdose und jeder Lampenanschluss individuell gesteuert und mit einer nahezu beliebigen Funktion belegt werden kann. Zwar dürfen Sie sich zu Recht fragen, warum Sie mit dem Lichtschalter im Bad den Kühlschrank in der Küche mit Strom versorgen sollten. Diese Form der Programmierung stellt auch eher ein plakatives Beispiel für das Verständnis eines BUS-Systems dar. Diese Form der Installation bietet aber in Puncto Ver-netzung und Steuerung über eine zentrale "intelligen-te" Einheit alle Möglichkeiten, die ein Haus erst zum Smart-Home machen.

Was haben Sie vom Smart-Home?

Auch ohne eine besonders hohe Affinität zu Technik und elektronischer Datenverarbeitung bietet Ihnen ein Smart-Home echte Vorteile.

Das, was Sie ihm gestatten, wird es automatisch ausführen. Und das auch dann, wenn Sie gar nicht zu Hause sind. Wenn Sie abends nach Hause kommen, betreten Sie also ein optimal geführtes Haus mit der richtigen Raumtemperatur und einer perfekt geregelten Heizung. Möglicherweise sind die Rollläden im Winter bereits geschlossen und der Warmwasserspeicher wurde energiesparend und trotzdem komfortabel kurz vorher auf die Solltemperatur für die abendliche Dusche erwärmt.

Während des Tages wurden dagegen unnötige Energieverbräuche automatisch reduziert, sodass ein mehr an Technik trotzdem in der Lage ist, ökologisch wertvoll und ökonomisch sinnvoll Energie und bares Geld zu sparen.

Unser Smart-Tipp: Ein Smart-Home ermöglicht den Zugriff auf unzählige Gebäudefunktionen ortsunabhängig via App. Besonders "smart" wird Ihr Haus allerdings dann, wenn Sie zwar zugreifen können, der Bedarf des Eingreifens durch intelligente Steuerungen und wirkungsvolle Interaktionen der einzelnen Komponenten aber erst gar nicht mehr besteht.

Kapitel 7

Außenanlagen

Kapitel 7 Außenanlagen

Ihr neues Eigenheim ist nun nahezu fertiggestellt und vielleicht sind Sie ja bereits mit Ihrer Familie eingezogen. Was fehlt, sind noch die Außenanlagen. Immer wieder werden diese erst nach Einzug fertiggestellt. Häufig dienen sie auch als gewisser Puffer und werden mit steigenden Kosten des Gebäudes selbst weiter und weiter beschnitten. Vielleicht haben Sie bisher auch gar nicht im Detail über die Außenanlagen nachgedacht und wollen diese Stück für Stück über die kommenden Jahre erstellen?

Trotzdem sollten Sie auch für diese vermeintlichen "Restarbeiten" ein solides Konzept in der Hinterhand haben. Denn neben der reinen Optik erfüllen die Flächen rund um Ihr Gebäude weitere wichtige Funktionen:

- Als Erweiterung Ihres Wohnraumes

- Als Zuweg / Zufahrt und zum Abstellen Ihrer Fahrzeuge

- Als private Naherholungsfläche unter freiem Himmel

- Zur Erfüllung rechtlicher Vorgaben

Smart-Tipp: strukturierte Freiflächenplanung

Gehen Sie bei den Überlegungen zu Ihren Außenflächen strukturiert vor. Beginnen Sie mit dem Notwendigen und arbeiten Sie darüber hinaus Ihre sonstigen Wünsche und Vorstellungen nach Prioritäten ab. Dann schaffen Sie auch hier Bereiche mit echten Mehrwerten für die spätere Nutzung!

7.1 Funktionale Außenflächen

Gewisse Aufgaben müssen die Flächen um Ihr Wohnhaus erfüllen. Andernfalls leidet auch die Nutzung
Ihres Gebäudes selbst. Somit sind diese Aufgaben
der Freiflächen von essenzieller Bedeutung und sollten den höchsten Stellenwert einnehmen:

7.1.1 Garage, Carport und Stellplatz

Kaum ein Haushalt kommt heute ohne ein oder sogar
zwei Autos aus. Dazu kommen Fahrräder und vielleicht auch noch ein Motorroller oder Motorrad? All
diese Fahrzeuge müssen abgestellt werden. Eine Garage oder einen Carport erstellen Sie üblicherweise
in einem Zug mit dem Wohnhaus. Aber auch diese
Bauwerke müss so in die Außenanlagen eingebunden
werden, dass Sie mit Ihrem Auto gut hinein- und wieder herauskommen. Entscheiden Sie sich dagegen
"nur" für Stellplätze, werden diese im Rahmen der
Freiflächenplanung festgelegt und gebaut.

Berücksichtigen Sie dabei nicht nur den aktuellen
Flächenbedarf, sondern blicken Sie in die Zukunft! Ihre
Kinder werden größer, fahren Fahrrad oder Moped.
Irgendwann brauchen auch sie ein eigenes Auto.
Da sich auf der Straße immer mehr Autos auf immer
weniger Parkmöglichkeiten drängen, schränken Sie
sich mit jedem nicht berücksichtigten Fahrzeug auf
eigenem Grund auf Dauer ein.

Unser Smart-Tipp: Nutzen Sie die Garagenzufahrt
gleichzeitig als zweiten Stellplatz. So verringern Sie
den Flächenverbrauch und erhalten möglichst viel
Grundstücksfläche für andere Verwendungen.

7.1.2 Zuwege und Vorplätze

Der Zuweg ist die Adresse Ihres Hauses für alle ankommenden Gäste und natürlich auch für Sie selbst. Er soll ansprechend und attraktiv sein. Allerdings wird er täglich mehrfach genutzt und sollte darüber hinaus auch praktisch und sicher ausfallen.

Ich empfehle daher, die Gestaltung vor allem auf Pflanzbereiche und nicht permanente Flächen zu konzentrieren und den funktionalen Vorbereich Ihres Hauses stattdessen an folgenden Leitgedanken auszurichten:

- Möglichst gerade, leicht begehbare Wegführung

- Möglichst geringe Neigung, höchstens 6 % in Anlehnung an Barrierefreiheit

- Rutschhemmenden Belag verwenden, also keine glatten oder sogar polierten Steinplatten

- Hauszugang und Stellplätze für kurze Wege beim Ein- / Ausladen, bei schlechtem Wetter und (perspektivisch) im Alter beieinander anordnen

Smart-Tipp: Stimmen Sie Grundriss und Hauszugang so ab, dass Sie den Weg zum Haus beispielsweise vom Küchenfenster aus gut einsehen können. So behalten Sie auch ohne Kameras den Überblick und entscheiden selbst, wann Sie wem die Tür öffnen.

7.1.3 Die Terrasse

Eine Terrasse ist die Ausweitung Ihrer Wohnräume ins Freie. Planen Sie die Fläche so, dass Sie möglichst lange im Jahr genutzt werden kann. Dabei erweisen sich folgende Leitgedanken immer wieder als sinnvoll:

-   Versehen Sie intensiv besonnte Südlagen mit einem Sonnenschutz (Ampelschirm oder Terrassendach), um sie auch im Hochsommer nutzen zu können.

-   Westlagen bieten mit Abendsonne eine gute Nutzbarkeit im Tagesverlauf

-   Ostlagen eignen sich besonders für Küchenterrassen, verlieren aber früh das direkte Sonnenlicht

-   Bemessen Sie die Terrasse so großzügig, dass auch Gäste Platz finden

-   Eine Terrassenüberdachung kann helfen die Nutzbarkeit von Außenflächen auch in die Übergangszeiten hinein auszudehnen

-   Je ebener ein Belag ausfällt, umso besser und flexibler lässt sich die Fläche nutzen

-   Stufen, Absätze, Versprünge und andere Gestaltungselemente schaffen eine lebendige Gestaltung, erschweren aber häufig die Nutzung der Terrasse in Verbindung mit dem umliegenden Garten

7.1.4 Stellflächen für die Feuerwehr

Jedes Wohnhaus in Deutschland braucht zwei Rettungswege. Damit bietet sich Ihnen immer ein alternativer Weg aus dem Gebäude, sollte es beispielsweise im Erdgeschoss brennen und Ihre normale Treppe nicht mehr nutzbar sein. Bei Einfamilienhäusern besteht dieser zweite Rettungsweg normalerweise aus einer tragbaren Leiter der Feuerwehr, die an ein Fenster gestellt wird. Allerdings braucht die Feuerwehr dafür unter dem Fenster eine Fläche, auf der sich die Leiter überhaupt aufstellen lässt:

- Übliche Größe rund 3x3 Meter

- Keine Querneigung

- Nur moderate Neigung vom Haus weg

- Keine störende Bepflanzung in Form von übergroßen Sträuchern oder Bäumen

Smart-Tipp:

Feuerwehrflächen praktisch platzieren

Versuchen Sie, diese Fläche entweder im Hauszugang oder auf der Terrasse unterzubringen. Dann können Sie bei der sonstigen Gartengestaltung völlig frei schalten und walten. Allerdings dürfen an dieser Stelle dann weder Vordächer noch Terrassenüberdachungen das Anstellen der Leitern verhindern.

7.2 Die Gartengestaltung

Nach den Notwendigkeiten der Freiflächenplanung folgt nun die Kür: die Gartengestaltung. Die Möglichkeiten der Bepflanzung sind so vielfältig, dass sich damit ein eigener Ratgeber füllen ließe. Daher gebe ich Ihnen an dieser Stelle lediglich zwei Tipps mit auf den Weg, die Sie auf Ihrem Weg zum grünen Garten begleiten sollen:

1.   Ganzjähriges Grün

Kombinieren Sie unterschiedliche Pflanzen so, dass Sie das eigene Grün möglichst ganzjährig genießen können. Hierzu können Sie einerseits Pflanzen unterschiedlicher Blütezeiten kombinieren. Andererseits bilden mehrjährige Bäume, Sträucher und Stauden eine gute Basis, die Sie mit einzelnen saisonalen Gewächsen beleben und immer wieder neu ergänzen können.

2.   Optik und Aufwand

Vieles, was wunderbar aussieht, benötigt enormen Pflegeaufwand. Behalten Sie bei der Wahl der Pflanzen immer den damit im Jahresverlauf verbundenen Aufwand im Blick. Denn spätestens, wenn die Freude am Garten zur permanenten Belastung wird, kann selbst die opulenteste Optik darüber nicht mehr hinwegtrösten.

7.2.1 Baurechtliche Vorgaben zur Bepflanzung

Jedes Baugrundstück vernichtet Flächen, die vorher als landwirtschaftliche Fläche, als Weide oder in anderer Form naturnah genutzt wurde. Daher gibt es in vielen neuen Bebauungsplänen gewisse Auflagen zur Gartengestaltung, um die Vernichtung von Natur durch die Bebauung zumindest anteilig aufzufangen. Prüfen Sie bereits beim Grundstückskauf, ob und welche Forderungen bestehen. Denn sogenannte "Pflanzgebote" können Lage und Ausdehnung Ihres Hauses, in den allermeisten Fällen aber zumindest Ihre Gartengestaltung enorm beeinflussen.

ACHTUNG - Smart-Hinweis: Eine naturnahe Gartengestaltung mit Lebensräumen für Bienen, Hummeln und andere ökologisch wichtige Insekten rückt mehr und mehr in den Fokus des Gesetzgebers. Seit dem 01.09.2020 ist im Naturschutzgesetz des Landes Baden-Württemberg ein Verbot sogenannter Schottergärten verankert. Und es ist anzunehmen, dass auch andere Bundesländer über kurz oder lang diesem Beispiel folgen. Informieren Sie sich daher frühzeitig über mögliche Vorgaben oder Verbote.

7.3 Tipps und Tricks zu sparsamen Außenanlagen

Wenn Sie Ihr Haus planen, planen Sie gleichzeitig die laufenden und auch zukünftigen Kosten mit. Das gilt natürlich auch für die Außenanlagen. Beziehen Sie daher einige Überlegungen in Ihre Planung mit ein, die Ihnen auf Dauer bares Geld sparen:

Den Abwasserbeitrag senken

Für alle versiegelten Grundstücksflächen bezahlen Sie an Ihre Stadt oder Gemeinde eine Abwassergebühr. Denn dort kann kein Niederschlag mehr versickern - er fließt in die Kanalisation ab. Greifen Sie daher zu Pflaster mit Drainagefugen oder mit einer eigenen Wasserdurchlässigkeit, um diese Gebühr mitsamt den undurchlässigen Flächen zu reduzieren.

Mehr Fugen - mehr Unkraut

Ob Natursteine, Betonpflaster oder keramische Platten, Fugen füllen sich auf Dauer mit Schmutz, Staub und Erde und bilden die Wachstumsgrundlage für Moos, Gras und Unkraut. Je weniger Fugen Sie haben, umso geringer fällt auch das Unkraut und der Aufwand für die Beseitigung aus.

Robust vor extravagant

Ob Bodenbelag, Bepflanzung oder Bewässerungssystem, behalten Sie neben Optik oder Funktion auch die langfristige Perspektive im Blick: Wie viel Pflege ist mit der Wahl eines Produkts verbunden? Welche Arbeiten sind bei Winter- und Frühlingsbeginn nötig? Wie aufwändig sind Pflege und Reinigung?

Wägen Sie für sich anhand Ihrer eigenen Kriterien ab, wie viel Aufwand Ihnen ein bestimmtes Produkt über das Jahr hinweg wert ist und an welcher Stelle vielleicht eine Alternative die bessere Lösung wäre.

Der Rasen - universeller Alleskönner, nicht nur für Kinder

Der englische Rasen gilt vielen heute als konservativ und überholt. Eine einigermaßen großzügige und ebene Rasenfläche hat aber auch ihre Vorteile. Wo sonst können die Kinder unter Ihrer Aufsicht frei spielen? Und darüber hinaus lässt sich die Fläche mit einem Planschbecken, einer Yogamatte oder anderen beweglichen Objekten jederzeit rasch einer weiteren Nutzung zuführen. Zudem fällt der Pflegeaufwand robuster Sportrasen mit Mähen und gelegentlichem Düngen sehr überschaubar aus.

Im Sommer Schatten, im Winter Laub

Keine Medaille ohne Kehrseite. Alle Pflanzen, die Ihnen im Sommer Schatten spenden, erfreuen Sie im Herbst mit dem Vergnügen des Laubaufsammelns. Bäume und Sträucher mit raschem Laubabwurf halten den Aufwand im Rahmen, während andere Arten ihr Laub über den gesamten Winter verteilt von sich geben.

7.4 Pools und andere Gimmicks

Nun bietet ein Garten neben notwendigen Funktionen und einer pflanzerischen Gestaltung auch noch unzählige weitere Ansätze für eine individuelle Verwendung. Hier erfahren Sie zu den gängigsten "Sonderobjekten" für den Garten Grundsätzliches und erhalten einige hilfreiche Denkanstöße für Ihre Entscheidungsfindung.

Der Gartenteich

Der einen Familie eine optische Bereicherung lehnen andere Familien den Gartenteich als Gefahr für kleine Kinder und Brutstätte für Insekten dagegen kategorisch ab. Sollten Sie die erste Sichtweise vertreten, dann erhalten Sie mit einem vergleichsweise geringen Aufwand ein ganzjähriges Biotop für unzählige Pflanzen und Tiere, das Ihre Freiflächen zudem optisch aufwertet und zu etwas ganz Besonderem macht. Wer freut sich nicht, wenn er den eigenen Kindern das Heranwachsen von Fröschen unmittelbar im eigenen Garten zeigen kann?

Smart-Tipp: Je größer ein Gartenteich ausfällt, umso leichter entsteht ein ganzjährig stabiles Ökosystem. Achten Sie daher auf eine gewisse Mindestgröße, damit daraus tatsächlich ein dauerhafter Mehrwert erwächst.

Der Pool

Eine eigene Badegelegenheit wertet den Garten erheblich auf und lädt im Sommer zum raschen Abkühlen ein. Sobald das Wasser aber nicht mehr täglich abgelassen wird, geht es nahezu nicht mehr ohne Filtertechnik und Chlor. Das bedeutet für Sie Aufwand und Kosten. Zudem muss die frostanfällige Pooltechnik winterfest gemacht werden und im Frühjahr wieder aufwändig auf die kommende Saison vorbereitet werden.

Der Badeteich

Wer über genügend Platz verfügt, für den kann ein kleiner Badeteich eine lohnenswerte Alternative darstellen. Durch geeignete Wasserpflanzen und möglicherweise einen geringen Technikeinsatz für die Wasserumwälzung und einen einfachen Sandfilter erhalten Sie hier eine vollwertige Badestelle, die sich jedoch selbst reinigt und sogar ohne Poolchemie auskommt. Naturnah gestaltet erhalten Sie so einen ganzjährigen Gartenteich mit dem Mehrwert einer Badestelle.

Das Gartenhaus

Gartengeräte, Rasenmäher, Grill, Liegestuhl und Kinderspielsachen sind nur einige Beispiele aus einer Fülle an Dingen, die sich das Jahr über im Garten tummeln. Nicht alles davon wollen Sie nach jeder Nutzung in den Keller schleppen. Andererseits ist Ihre Garage nur selten so groß, dass sie all das neben Ihrem Fahrzeug auch noch aufnehmen kann. Ein Gartenhaus verspricht zusätzlichen Stauraum unmittelbar im Garten. Von romantisch verspielt bis schlicht und modern bieten sich Ihnen zahlreiche Möglichkeiten, den erwünschten Nutzen mit einer ansprechenden Optik zu verbinden.

Smart-Tipp: Um einen Abstellraum ergänzt können Garage oder Carport ein Gartenhaus oft vollständig ersetzen. Im Gegenzug halten Sie den Garten selbst von weiteren Bauten frei und können die Fläche noch besser in Ihr Nutzungskonzept einbeziehen.

Gerätehütte

Garage

Nebenanlagen als
Einzelbauwerke

Müllbox

Abstellraum

Müll

Garage

Nebenanlagen als
Gesamtkonzept

Die Müllbox

Immer dann, wenn die Mülltonnen an der Garage
oder Hauswand stehen oder in den letzten Winkel
der Garage gepresst werden, haben Sie ein eindeu-
tiges Zeichen, dass deren Standort bei der Planung
vergessen wurde. Einerseits sollen Mülltonnen
zentral gelegen und gut erreichbar sein, andererseits
möchte man sie möglichst unsichtbar verschwinden
lassen. Müllboxen bieten eine gute Lösung für beide
Aufgaben und lassen sich durch unterschiedlichste
Produkte gut in Ihr Gestaltungskonzept einfügen.

Smart-Tipp: Wie wäre es mit einer Müllbox mit Grün-
dach? Bepflanzt mit duftenden Blumen oder Kräutern
lassen sich die nie gänzlich vermeidbaren Mülldüfte
gut überdecken.

269

Nachwort

Wie Sie unschwer feststellen steckt im simplen Bauen eines Wohnhauses doch einiges Mehr an organisatorischem Aufwand, planerischen Aufgaben, technischen wie rechtlichen Zusammenhängen und nicht zuletzt auch Herausforderungen für Sie als Bauherren, als man zunächst vermuten sollte.

Leider vermag kein Ratgeber oder Leitfaden dieser Welt, Ihnen die Last der vielfältigen auf Sie eindrängenden Entscheidungen zu nehmen. Das ist aber auch überhaupt nicht nötig.

Machen Sie stattdessen die Pflicht zur Kür und genießen Sie vielmehr die Möglichkeit, Ihr eigenes Lebensumfeld in allen optischen, funktionalen und technischen Belangen selbst zu gestalten.

Wenn Sie hier angekommen sind, verfügen Sie bereits über alle Basics, um den Bauablauf mit all seinen Zusammenhängen zu verstehen. Und genau dieses Verständnis ist es, das Ihnen alle Möglichkeiten eröffnet, gemeinsam mit allen am Bau Beteiligten kreativ zu arbeiten und Neues zu erschaffen. Ergänzt um meine Smart-Tipps verfügen Sie darüber hinaus außerdem über unzählige Anregungen, mit denen Sie aus dem Gewöhnlichen etwas ganz Besonderes - Ihr eigenes Wohnhaus für Sie selbst und Ihre Familie - schaffen können.

Danke, dass Sie sich die Zeit genommen haben, dieses Buch vollständig zu lesen. Vielen Dank für Ihren Kauf und Ihr Interesse. Viel Spaß und Gelingen wünsche ich Ihnen nun bei der Planung und dem Bau Ihres Traumhauses. Nun möchte ich Sie um einen kleinen Gefallen bitten. Wahrscheinlich werden Sie es bereits wissen: Rezensionen sind ein extrem wichtiger Bestandteil von Produkten. Sie helfen meinem Buch innerhalb eines schon fast überfüllten Amazon-Marktplatzes mehr Sichtbarkeit zu erlangen. Und Kundenrezensionen helfen Kunden Produkte besser zu finden und herauszufinden, ob das Buch für sie geeignet ist. Sollten Sie Gefallen an diesem Buch gefunden haben, würde es mich sehr freuen, wenn Sie sich nun zwei Minuten Zeit nehmen. Schreiben Sie mir was Ihnen besonders gut gefallen hat und natürlich auch, wenn Ihnen etwas nicht gefallen hat. Ich lese jede Bewertung persönlich und freue mich über jedes ehrliche Feedback. Damit auch alle zukünftigen Kunden von Ihrer Meinung profitieren können, würde es mir sehr helfen, wenn Sie mir eine kurze Bewertung auf Amazon schreiben.

Das geht so:
• Amazon.de aufrufen
• Zu „Mein Konto" gehen
• „Meine Bestellungen" aufrufen
• „Schreiben Sie eine Produktrezension" klicken
• Rezension schreiben (mind. zehn Wörter)

Herzlichen Dank

Rafael Straubheimer

Quellen

Kapitel 1.2 - Kreditberechnung: www.baufi24.de

Kapitel 2.1.3 - Kostenschätzung: www.bki.de

Kapitel 2.1.3 - Kostenschätzung: DIN276 "Kosten im Hochbau"

Kapitel 2.3 - Förderprogramme: www.kfw.de

Kapitel 4.1.4 - Rechtliches: Baugesetzbuch BauGB, Musterbauordnung MBO

Kapitel 4.4 - Das Leben verändert sich - vorausschauend Planen: DIN 18040-2 Barrierefreiheit in Wohnungen

Zeichnungen

Kapitel 2.1.3 – Kostenermittlung

Kapitel 4.1.4 - Bebauungsplan

Kapitel 4.2.1 - Grundbegriffe

Kapitel 4.2.2 – Dachformen

Kapitel 4.3 - Ausrichtungen

Kapitel 4.6.1 - Standardgrundriss

Kapitel 4.6.2 - langgestreckter Grundriss

Kapitel 4.6.3 - Winkelgrundriss

Kapitel 4.6.4 - Bungalow-Grundriss

Kapitel 4.8.3 - Heizungstechnik

Kapitel 7.4 – Gartenhaus, Nebenanlagen

IMPRESSUM

HAFTUNGSAUSSCHLUSS

URHEBERRECHT

Printed in Poland
by Amazon Fulfillment
Poland Sp. z o.o., Wrocław

35846919R00154